景观设计

JINGGUAN SHEJI

主　编　吴　衡
副主编　刘红魁　汪　训

河南大学出版社
HENAN UNIVERSITY PRESS
·郑州·

图书在版编目（CIP）数据

景观设计 / 吴衡主编. -- 郑州：河南大学出版社, 2025.3. -- ISBN 978-7-5649-6277-7

Ⅰ. TU983

中国国家版本馆CIP数据核字第2025LJ7505号

责任编辑　郑　鑫
责任校对　柳　涛
封面设计　高枫叶

出　行	河南大学出版社	
	地址：郑州市郑东新区商务外环中华大厦2401号　　邮编：450046	
	电话：0371-86059752　　　　　网址：hupress.henu.edu.cn	
	0371-86059701（营销部）	
排　版	河南大学出版社设计排版中心	
印　刷	河北虎彩印刷有限公司	
版　次	2025年3月第1版	印　次　2025年3月第1次印刷
开　本	787 mm×1092 mm　1/16	印　张　6
字　数	128千字	定　价　35.00元

（本书如有印装质量问题，请与河南大学出版社营销部联系调换。）

前　言

　　随着全球化进程的加速和生态环境问题的日益凸显，景观设计作为协调人与自然关系、优化人居环境的重要学科，正迎来前所未有的发展机遇与挑战。本书旨在系统梳理景观设计的基本理论、历史脉络、工具方法以及现代设计理念与技法，为景观设计领域的从业者、学生及爱好者提供全面、深入的理论指导与实践参考。

　　景观设计不仅是一门关于空间美学的艺术，更是一门融合生态学、社会学、文化学等多学科知识的科学。它通过对土地、植物、建筑、水体等要素的综合运筹，创造出兼具功能性、生态性和文化性的空间环境。在当代社会，景观设计已不再局限于传统的园林营造，而是扩展到城市规划、生态保护、公共空间设计等多个领域，成为推动可持续发展的重要力量。

　　本书内容结构严谨，涵盖从基础理论到实践应用的完整体系。第一章"绪论"深入探讨了景观设计的概念、研究方向及学科定位，为读者构建了景观设计的理论框架；第二章"从学生到设计师"聚焦景观设计师的职业发展路径，分析了设计师的成长历程与培养方法；第三章"走进园林世界"带领读者追溯中国古典园林的发展历程，并展望世界园林的设计趋势；第四章"景观设计工具及绘图方式"详细介绍了传统与现代设计工具的使用方法，为设计师提供了技术支撑；第五章"现代景观设计方法"则结合当代设计理念与技法，探讨了景观设计的创新方向。

　　本书既注重理论深度，又强调实践指导，力求在学术研究与行业应用之间架起桥梁。通过丰富的案例分析与实训环节，本书旨在帮助读者将理论知识转化为实际操作能力，培养兼具创新思维与实践能力的景观设计人才。

　　本书适合景观设计专业的学生、从业者以及对景观设计感兴趣的读者阅读。无论是作为教材使用，还是作为专业参考书，本书都将为读者提供系统的知识体系与实用的设计方法，助力他们在景观设计领域不断探索与创新。

　　在生态文明建设与城乡融合发展的时代背景下，景观设计肩负着构建和谐人居、推动可持续发展的重要使命。我们期待本书能够为景观设计领域的从业者与学习者提供启发与支持，共同开创景观设计的美好未来。

目 录

1　第一章　绪　　论
1　　第一节　景观概念
6　　第二节　认知景观设计

12　第二章　从学生到设计师
12　　第一节　什么是景观设计师
14　　第二节　如何培养景观设计师
18　　第三节　认知成长路径

23　第三章　走进园林世界
23　　第一节　中国古典园林
26　　第二节　开拓崭新视野

40　第四章　景观设计工具及绘图方式
40　　第一节　景观设计传统作图工具
45　　第二节　信息化时代的电脑设计
50　　第三节　设计表达方法

58　第五章　现代景观设计方法
58　　第一节　走向成熟之路
61　　第二节　现代设计理念
63　　第三节　现代设计原则
78　　第四节　现代造景技法

88　附录　景观设计案例

·1·

第一章 绪 论

第一节 景观概念

一、景观概念

（一）词源解读

《中国大百科全书》将园林定义为，运用工程技术手段和艺术理论塑造地形或筑山理水，种植树木花草，营造路径及建筑物等所形成的优美环境和游憩境域。园林景观的内涵既包含庭园、宅园、花园等小型生活空间，也涵盖公园、风景名胜区、自然保护区、旅游度假区、城市广场、历史街区及乡村村落等大型空间形态。它是土地及其附属空间与设施构成的综合体，既依托自然演化的复杂过程，又承载着人类活动在地表的长期印记。

"景观"一词最早见于希伯来语，原意指向自然风光、地形地貌及风景画。这一概念最初与"观景""风景""景致"等词基本同义，后逐渐发展为与肖像画相区别的绘画术语。18 世纪，随着景观与设计行业的深度结合，其概念开始与园艺产生关联。19 世纪，地质学家与地理学家将"景观"定义为"一大片土地"。随着全球环境问题的凸显，当代"景观"的内涵已发展得更为多元。英国景观学会（1929 年成立时称景观建筑协会）明确其核心使命是服务于景观工作的三大领域：景观设计、科学研究与管理实践。

（二）词意分析

景观作为多功能载体，可理解为包含以下维度：风景认知、栖息地、生态系统、符号化居所等。吴昂指出，无论中西方，景观都是一个美丽又难以准确界定的概念。这种认知复杂性导致多样的人居形态陷入单一或不成熟的理论分歧。在景观设计领域，从业者因专业背景和实践经验差异，对"景观"概念的理解存在显著差异，这种差异源于专业视角的不同和功能认知侧重点的区别，进而导致实践目标与价值取向的分化。

杨慧、施海涛在《人造、技术、消费与超现实景观：以迪士尼主题公园为例》中提出五方面理解：①风景——承载理想与希望，凝聚历史文化精神空间；②栖息地——人类生活的现实空间环境；③生态系统——具有内在关联与外部联系的有机结构体；④健康符号——人类理想生存状态的具象化呈现；⑤社会文化维度——通过位置、图像、空间等方式承载社会文化内涵的动态过程。

二、研究方向

作为协调宏观与微观的学科，景观设计学依据问题性质、内容及尺度差异，形成两大专业分支：景观规划与景观设计。前者侧重大尺度空间格局的系统安排，聚焦于自然与人文要素的认知维度，致力于构建人地协调关系；后者则针对特定场域的功能适配性，通过土地利用优化完成具体空间设计。

（一）宏观方向

在宏观层面解读客观存在的人居环境时，需要探讨人工与自然要素的共生机制。这种复杂的营造实践往往在设计诠释过程中催生新的空间要素。钱学森将中国园林誉为"我国创立的独特艺术部门"，其本质正是人类改造自然的共生智慧结晶。研究共生景观的价值内核，在于实现生态与人文的健康耦合，这种非终极式的美学标准，构建了住区物质与精神空间的共生环境——既包含地形、植被等物理载体，也承载着感知文化的精神维度。

为达成"艺术"与"生态"的平衡，乔治·哈格里夫斯（George Hargreaves）与彼得·拉兹（Peter Latz）运用独特技术手段与创新景观策略，成功激活城市边缘的废弃污染地。随着城乡融合发展的深化，生态时代将景观师推向城乡交融的前沿地带（如图1-1）。亲近自然的都市景观演化过程往往超越文字表述，其形态既可能呈现优美特质，也可能表现为退化状态，唯有通过"体验式景观"才能实现深度认知。从间歇共生到永久共生的探索中，景观设计正以潜移默化的创新机制，渗透人类聚居环境的各个层面。

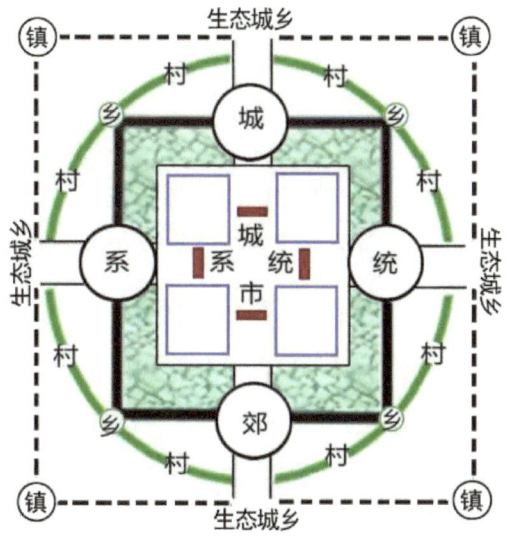

图1-1　城乡融合发展的新趋势

（二）微观方向

从微观层面看，景观设计工作体现为对生活空间提供细致入微的生态支撑。其研究维度包含三个递进方向：通过深化景观生活的"养生"概念，实现从物质空间供给到精神文化滋养的升华；系统解析人与自然关系的动态演变规律，建立全周期风险评估体系；通过传统人居环境优化与新型社区营造，重塑人文景观的当代价值（如图1-2）。

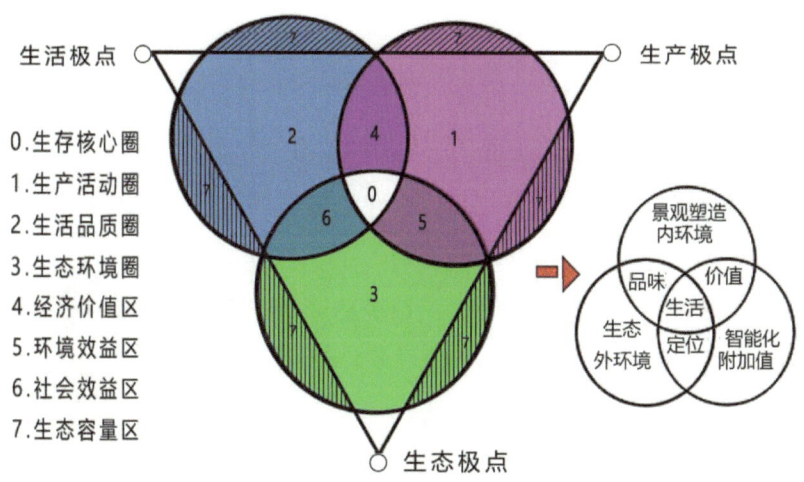

图1-2　景观生活的研究方向

因此，解析未来生活场景的研究重心时，景观设计表现为基于功能系统的空间环境营造实践。其涉及的项目领域既包含外环境营造、内环境优化与价值赋能的协同逻辑，也涵盖定位精准化、价值显性化、品位差异化等艺术细节的提升。

三、认知分歧

（一）派系分歧

从研究理论视角看，景观评价体系可分为以下理论流派：专家学派注重形体、线条、色彩与质地的组合关系，将形式美法则与生态特征作为风景质量评价标准；心理物理学派聚焦"风景—审美"互动关系，主张以群体审美共识为评价基准，在小尺度景观评估中应用广泛；认知学派将景观视为认知空间与生活空间的复合体，强调人类自我保护本能与"猎人与猎物"双重身份的进化隐喻，认为人类作为高智能生物，既会从生存与功能需求出发，也能基于进化论思想，通过景观信息预测和探索未来空间；经验学派则将景观纳入人类文化系统，运用历史研究方法分析特定景观的价值内涵与生成背景，却较少关注景观本体特征。

需要说明的是，现代景观认知已超越传统田园风光与园艺植栽的范畴，更体现为开放系统下的可持续人居理念。

（二）职业分歧

根据从业方向可形成以下认知维度。

（1）地理学家视角：景观是地表景象的综合呈现，既包含综合自然地理系统，也是城市景观、森林景观等景观类型单元的统称。

（2）艺术家视角：景观作为艺术表现与再现的对象，其概念等同于风景画。

（3）建筑师视角：景观被视为建筑物的配景或背景环境。

（4）生物学家视角：景观被理解为具有生态功能的系统整体。

（5）旅游学家视角：景观作为可开发利用的旅游资源。

（6）城市美化运动者与开发商视角：关注城市街景、霓虹灯、园林绿化及小品等景观要素。

（7）文学定义视角：景观是通过画面展现的视觉审美对象，强调在特定视点上的全景式呈现。

四、学科认知

景观设计学与环境艺术在学科定位、研究方向、学科体系及职业发展等方面存在显著差异，两者通过差异化发展共同构建了环境设计领域的完整生态。

（一）学科定义与范畴

1. 景观设计学

作为研究园林景观系统的科学与艺术，涵盖分析、规划、设计、改造、管理、保护及修复等核心内容。该学科融合自然科学、人文社科与艺术学理论，尤其注重土地系统设计——通过科学分析土地及户外空间问题，提出系统性解决方案并监督实施。其研究对象聚焦土地与人类户外活动空间，整合自然景观要素与人工营造要素，服务领域包括城市景观、居住区环境、城市公园等公共空间规划设计。

2. 环境艺术

作为发展中的新兴学科，尚未形成成熟理论体系。其研究范畴涵盖城市规划、城市设计、建筑设计及室内设计等领域，通过艺术设计手段整合建筑室内外空间环境。该学科具有显著的交叉性特征，涉及建筑学、城市规划学、人类工程学、环境心理学等多学科理论支撑。

（二）专业方向与重点

1. 景观设计学

聚焦园林景观的规划与设计领域，具体分为景观规划（Landscape Planning）与景观设计（Landscape Design）两大方向。前者关注大尺度范围内自然与人文过程的整合，致力于构建人地协调关系；后者则侧重具体场地的空间设计与实施落地。

2. 环境艺术

环境艺术的研究范畴更为宽泛，涵盖室内外环境的全维度设计。其设计实践既包括室内空间的艺术化营造，也涉及室外环境的整体规划布局。核心在于通过艺术表现手法塑造特定空间氛围与风格，满足功能需求与视觉审美需求的双重目标。

（三）学科地位与学位授予

1. 景观设计学

在学科体系中，风景园林学作为一级学科，可授予工学或农学学位。景观设计作为该学科的核心方向，具有较高的学术地位与实践价值。

2. 环境艺术

环境艺术通常作为艺术设计学科下的二级学科，授予艺术学学位。由于学科交叉性特征，其具体定位可能因高校培养方案的差异而有所不同。

（四）就业方向与发展前景

1. 景观设计学

景观设计学毕业生主要进入园林景观设计、城市规划、生态保护等专业领域，就业方向具有较强的针对性。随着新型城镇化推进与人居环境品质提升需求，该行业呈现良好发展态势。

2. 环境艺术

环境艺术专业毕业生就业选择更为多元，可进入建筑、室内、景观等多个领域。但由于学科覆盖面广，从业者需要在特定方向深化专业能力以增强职业竞争力。

综上所述，景观设计学与环境艺术在学科定位、研究方向、培养体系及职业发展等方面存在显著差异，两者通过差异化发展共同构建了多元化的环境设计学科生态。

第二节　认知景观设计

一、认知景观领域

（一）基本内涵

景观设计作为融合科学与艺术的实践体系，涵盖对景观系统的分析、规划、设计、改造、管理、保护及修复全过程。其本质是通过研究人居空间的组合规律，构建土地系统解决方案并指导工程实施。该学科具有双重属性：既包含可量化的设计方法论与实践标准，又体现个性化的生活美学表达（如景观装置艺术与园艺设计）。作为跨学科整合平台，景观设计将空间规划、生态地理等学科理论转化为具体实践，形成宏观空间格局调控与微观生态环境营造的协同体系。

（二）认知景观时空层次

自然系统的认知具有显著的层级特征。英国规划师伊恩·伦诺克斯·麦克哈格（Ian Lennox McHarg）通过"科学量化"的方法，构建了从"生态理念"到"生态工程"的层级设计框架。这种等级组织理论认为，人居环境设计应遵循生态系统的层级结构规律，随着亚系统层级的衍生，设计维度也相应拓展。健康人居环境的营造需要突破"就城市论城市，就建筑论建筑"的传统格局，通过多尺度空间整合实现系统优化。

在空间维度上，可依据块、线、带、楔等生态空间形态选择适配的景观尺度；在时间维度上，要开展时空尺度耦合研究以达成创新设计的主体认同。从家庭空间这一居住单元,到跨流域城市群的巨型空间,景观层次对话为解决复杂人居问题提供了有效路径。在现代城市发展进程中,信息社交的快速迭代促使生产与生活空间的融合圈层持续扩展,这种空间层次的设计实践本质上是研究时空尺度的量比关系。

景观的本质是什么?1951年8月5日,德国哲学家马丁·海德格尔在"对建筑安居功能的思考"的演讲中,系统阐述了"建筑与安居、建筑与空间、建筑与天—地—神—人关系"的哲学命题,这恰为人居环境设计提供了本体论的阐释。随着工业化进程推进,20世纪中后期人类逐步摆脱了战争阴霾,开始反思"住宅机器"理论的局限性。例如,在"美国风"建筑运动中,弗兰克·劳埃德·赖特的标签式创作理念取得突破性进展;法国文化界的批判性讨论催生了生态景观理性主义;德国景观建筑师彼得·拉兹(Peter Latz)提出"批判性借鉴"的方法论——通过因地制宜的实践重构景观逻辑,这种认知方式被学界称为"景观句法"。法国学者艾伦·罗杰(Alain Roger)则以独特的"二元论"美学框架,反对德国学派过度强调技术理性的倾向。欧美学界的理论争鸣,将景观建筑师推向农业文明与城市文明的交会地带。

二十世纪八九十年代,欧洲景观美学在理性主义框架下探索工程力学与建筑美学的和解路径,同时推动"生态伦理学"的理论革新与技术实践。随着工业文明矛盾激化,"生物圈意识"成为景观设计的新范式。典型案例包括澳大利亚墨尔本市依托丰富的土地资源,初步实现"自然中的城市"规划理念。在此背景下,理论研究进入新阶段:费利克斯·加塔利(Felix Guattari)将生态危机提升至全球化层面,并提出解决方案——环境问题的实质介入,在于重构人类日常行为与生活方式。

(三)生态未来设想

进入21世纪,景观设计领域呈现显著的生态转向。设计师通过顺应自然条件的基质特征,系统整合土壤、植物、日光、通风、降水及可再生能源等要素,这种源于欧美的改造思想已成为共生景观理论的重要基础。典型案例包括美国阿科桑底城(Arcosanti)的生态社区实践——通过无车化设计、步行网络构建、农业种植系统及可再生能源利用,探索人居环境的可持续模式。拉美景观大师路易斯·巴拉干(Luis Barragan)则以诗意的设计语言,倡导建筑与景观深度融合的生活哲学。

然而,由于景观设计学科发展的滞后性,当代城市规划在纳入生态理念时,仍面临艺术审美与工程技术的价值冲突。因此,项目实践亟须引入创新视角:研究范畴从传统的土地与植物要素,拓展到水文、大气、动物、微生物、能源及城市废弃物等全要素体系;研究维度从绿地系统内部优化,转向城市生态、经济、社会的多维度关系网络；技术手段从传统方式转向通过遥感（RS）与地理信息系统（GIS）实现数据驱动设计；理论探索则从景观建筑学到海绵城市理论，形成跨越"第三自然"的实践范式。

与此同时，学科研究体系逐步完善：制定景观建筑制图标准，深化园艺美学理论研究，推动新型生态技术应用。从生态建筑到生态社区再到生态城市，多尺度的协同实践为可持续发展提供了创新路径。这种突破单一概念的整合行动，标志着景观设计进入系统化生态创新阶段。

二、学科基本概念

（一）学科定位

景观设计作为一种广泛存在的文化现象，包含人类求善、求真、求美的基本诉求。它以自然环境为基底，通过构建创新美学模型，形成人居营造的价值共识。从横向维度看，其研究范畴涵盖自然属性到社会属性的广阔领域；从纵向维度看，它贯穿艺术表达与技术实现的深度探索（图1-3）。这种跨维度特征使其成为人居环境优化的积极实践方式，也是人居美学理想的重要载体。该领域的设计实践需要建立在文化积淀与科学认知的双重基础上，既包含感觉、直觉、思维等感性认知层面的"软"知识体系，也涉及对社会价值导向等综合问题的系统考量。

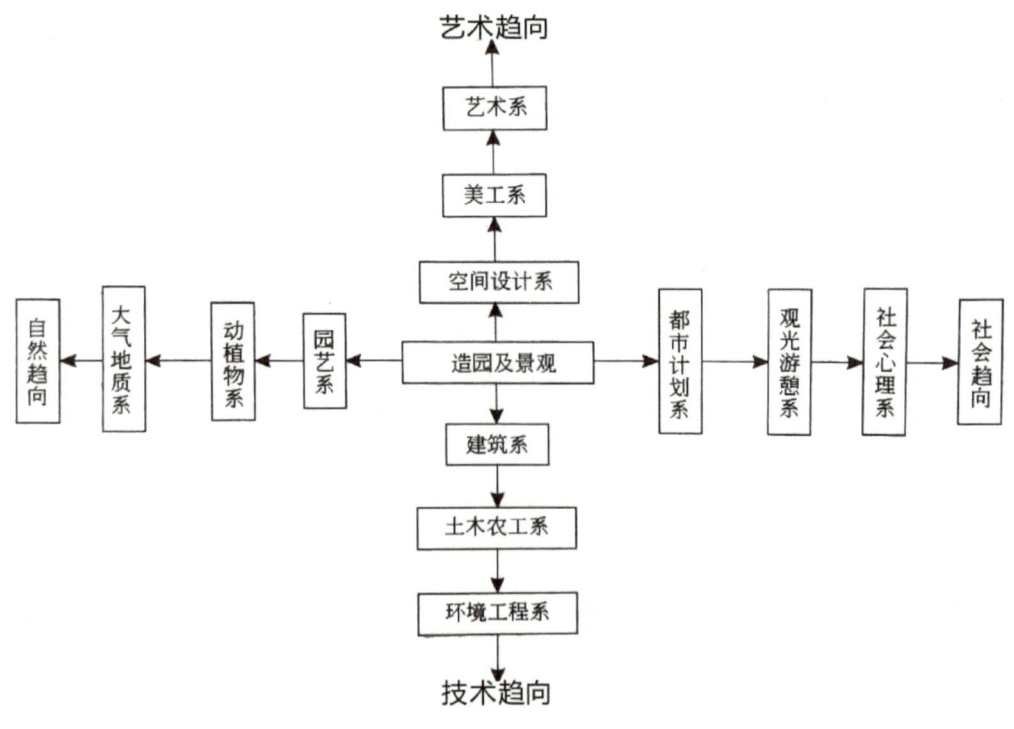

图1-3　景观设计学科定位

（二）设计原则

景观作为时空交织的综合载体，其设计方法可从线条、色彩、空间、质地等要素切入，同时要注重造景技法与空间组织的功能实现。景观设计蕴含个性化表达，承载特定文化情感，既是建筑与规划的整合延伸，也是主体要素与附属要素的协同系统。因此，景观作为可循环的生态系统，既需要人的参与互动，又在不同学科语境中具有特定指向。

这种艺术价值的提升既涵盖自然与人工要素的融合，又注重使用功能的便捷舒适性，最终实现自然环境与建筑场所的互文关系，进而创造更大的文化价值。认知景观设计法则，既涵盖城市与区域的社会关系网络，也包含人与自然的生态关系维度。尽管我国城市规划专业仍承担着城市空间规划设计任务，并聚焦社会经济与城市总体发展，但不能因景观设计学科的滞后，忽视自然系统与社会系统的协同研究——这正是从物质空间设计转向文化发展导向的关键所在。因此，从宏观到微观的空间认知维度，项目不再是孤立单体，而是纳入多样化格局的层级体系研究。

（三）应用异同

如何协调人与自然关系？景观设计学的新兴发展为构建和谐城市的人地关系开辟了广阔前景。与市政工程设计不同，景观设计学擅长通过多目标整合解决复杂问题，而非局限于单一工程目标的实现——尽管这种综合解决方案的落地需要各市政工程专业的协同参与。与环境艺术的本质区别在于，景观设计学始终以科学分析为基础，强调解决问题的系统性路径。

人居问题的解决方案应建立在科学分析基础之上。物质空间的设计不仅依赖设计师的艺术灵感，更需要系统性的整体安排：首先通过宏观规划确定发展框架，继而开展切实可行的详细设计，最终通过生态创新实现可持续演进。这种全方位的设计网络，既包含内外统筹的整体性策略，也涉及标准与差异化的处理原则。

三、专业特点

景观设计学与建筑学、城市规划、环境艺术、市政工程等学科存在密切关联，但该学科的核心关注点始终是土地与人居空间的可持续发展问题。

（一）内涵丰富的专业属性

景观设计学是兼具综合性与实践性的专业领域。景观设计师既可以参与城镇社区景观设计及建筑装饰工程管理，也能够从事生态环境的专项设计。事实上，景观从业者的专业贡献广泛渗透于城乡建设各领域（表1-1），其工作成果体现在建设方、施工方、设计方、物业方等服务链条的关键环节。特别是在项目全流程的四大阶段中，景观设计师始终发挥着不可替代的整合作用。

从新城镇开发到区域自然系统修复，从城市公共空间营造到滨水区更新，从写字楼环境优化到城市广场、公园及绿色通道建设，景观设计师与其他专业领域的协同合作将持续深化，其职业内涵也将随行业发展不断拓展。

表1-1 景观设计的从业类型

管理层	项目流程	工作内容			
		设计单位	建设单位	施工方	中层、基层岗位
总经理"常务代表"	方案总监	项目启动阶段	前期调研、前期沟通			项目经理、方案项目负责人、主创设计师、规划师、建筑设计师、助理设计师
			招投标	招标要求		
			设计合同	设计院考察		
		方案设计阶段	概念设计	设计任务书	方案认识	项目经理、方案项目负责人、主创设计师、规划师、建筑设计师、细化设计、效果图设计、后期设计助理、文本编辑
			方案设计	提报会审	参与意见	
			方案调整	项目交流	施工要求	
	技术总监	设计后期施工前期	扩初设计初稿修改	意见反馈初步预算	施工组织设计与招投标	项目经理、方案项目负责人、主创设计师、建筑设计师、施工图设计师、细化助理设计师、安装工艺师、植物设计师、园艺设计师、环境设施设计师、小品设计、水电工程师、结构设计师、造价师
			施工设计	意见反馈	施工细化	
			限价调整	内部会审	施工合同	
			修改交付	报检送审	施工预算	
	工程总监	施工建设阶段	施工交底	材料选型	报监与进场	项目经理、土建工程师、技术员、苗木采购员、园艺工程师、苗木养护技师、花卉技师、假山水景技师、小品工艺师、安装工艺师、水电工程师、资料员、预算员、质量安全员
			施工指导设计变更	园建/水电等	专项施工	
				植物/小品等	专项施工	
			指导意见	综合初验	综合维护	
	合约	后期阶段	验收配合	竣工验收	竣工报验	物业管理代表、设备管理员、绿化养护员、环卫清洁员
			意见跟踪	物业代管	维护期养护	

（二）前景广阔的专业领域

随着行业的快速发展，景观设计面临着机遇与挑战并存的发展态势。城乡融合发展的一体化格局，为景观设计开辟了更为广阔的实践空间。因此，无论是森林、田园、河流、海滨等自然景观的保护，还是城镇、街区、村庄等新形态空间的活力激发，都需要构建跨学科的专业知识体系。具体实践方向包括：① 场地规划：评估场地自然条件、环境特征及潜在问题，提出科学合理的使用方案，确保景观设计与周边环境的有机协调；② 城镇景观规划：参与城镇整体空间布局，协同城市规划师塑造兼具功能性与特色性的城镇风貌；③ 公共休闲空间设计：以公园、广场等场所为载体，通过设施布局与活动空间规划，营造宜人的休闲环境；④ 区域景观规划：在风景名胜区、自然保护区等大尺度空间中，平衡生态保护与可持续发展目标；⑤ 园林设计：聚焦园林空间的艺术表达与生态功能，优化植物配置与景观营造；⑥ 历史区域保护：以历史文化传承为核心，通过保护性设计延续历史空间的文化价值。

综上所述，景观设计覆盖多领域实践方向，要求从业者具备复合型专业素养。设计师不仅需要关注景观的美学表达，更要统筹其生态、文化及社会功能。通过科学规划与创新设计，景观设计师能够为人类创造更具品质、宜居性与可持续性的人居环境。

【实训环节】

1. 训练任务：探讨景观设计的专业特点。

2. 训练目的：通过本次训练，重点掌握景观设计的学科定位和专业特征，并结合本地区行业发展现状，深化对景观设计的系统性认知。

3. 训练步骤：

（1）分组：每组3人，确定1名组长。

（2）资料收集：各组长组织成员围绕学科定位展开讨论，针对行业发展热点问题进行任务分工，分别从网络、图书馆等渠道收集资料。

（3）研讨分析：各组长组织成员聚焦行业发展或学科定位等核心议题展开讨论，整理汇总有价值的资料与研讨结论，并做好记录。

（4）成果展示：将讨论成果制作成演示文稿，在课堂进行展示汇报。

【问题练习】

1. 简要论述景观设计学的基本内涵。

2. 简要论述景观设计的学科定位。

3. 思考景观设计的时空层次。

4. 思考景观设计学与环境艺术的异同。

第二章　从学生到设计师

第一节　什么是景观设计师

在当今注重生活品质与心理体验的时代，景观设计作为融合认知科学的创新理念，正逐步成为塑造人居环境的重要力量。它不仅关注景观的美学表达与功能布局，更深入探索人类感知、理解与环境互动的内在机制，致力于创造触动心灵、丰富认知、提升生活质量的理想空间。

一、景观设计师的由来

景观设计师这一称谓由美国景观设计之父弗雷德里克·劳·奥姆斯特德（Frederick Law Olmsted）于1858年首次非正式使用，并于1863年正式确立为职业称号。奥姆斯特德坚持使用"景观设计师"而非当时盛行的"风景花园师"，这一选择不仅是职业称谓的创新，更是对专业内涵的深刻拓展。

作为以景观规划设计为核心的专业技术人员，景观设计师需具备环境艺术、生态技术及人文传承的综合应用能力，致力于实现建筑、城市、人类活动与自然生命的和谐共生。这一职业区别于传统造园师、园丁和风景花园师，是工业化、城市化与社会化进程的产物，依托现代科学技术发展而来。

景观设计师面对的是土地综合体的复杂问题，而非单一维度的局部设计。通过解析人类认知过程与心理需求、整合多感官体验、挖掘文化历史内涵、践行可持续生态理念，景观设计持续推动人居环境的优化升级。其核心使命在于守护土地、人类、城市及其他生命的可持续发展，以专业视角监护并合理利用土地资源，塑造兼具功能性与精神价值的空间形态。

二、景观从业者类型

解析景观从业者分类需要从行业架构体系与技能差异成因切入。从教育维度看，从业者受教育的水平与形式是研究起点。

1. 学术引领型

上世纪首批海归学者具备海外景观教育背景，长期从事高校教育与设计科研的工作，以景观大师身份成为业界领军人物，因其稀缺性常被视为学科开拓者。

2. 实践骨干型

2000年后第二代海归学者及短期海外考察的企事业高管，依托高层次教育背景占据领导岗位，以设计指导、团队管理及理念创新为核心职能，构成行业发展的中坚力量，典型身份为设计院首席设计师或重大项目主持人。

3. 专业技术型

2010年后普通高校培养的艺术学、风景园林、设计学硕士及全日制本科人才，因早期课程差异形成规划设计师、园艺师、环境设计师等行业分化方向，构成科教、设计、工程领域的精英群体，对应职业称谓为景观学讲师、景观设计师、景观工程师。

三、景观创作要素

在城市规划领域，景观设计通过有机融合商业区、住宅区与自然要素，有效提升城市生活品质。在公园绿地中，景观设计通过精心布局，为人们提供休闲娱乐、运动健身和社交互动的场所；在旅游景区中，创新景观设计能够展现地方特色，增强对游客的吸引力与游客体验感；在校园环境中，优质景观设计可为学生营造舒适的学习生活空间，激发其想象力与创造力。这种创新实践主要体现在以下四个核心要素上：

（一）多感官体验整合

人类通过视觉、听觉、嗅觉、触觉等多维感知与景观互动，优秀设计需要系统整合这些感官特性。例如：在公园设计中，通过色彩丰富的花卉配置、形态各异的植物群落构建视觉焦点；利用潺潺流水声、清脆鸟鸣声及花草芬芳，营造沉浸式的听觉与嗅觉体验；结合柔软草坪、细腻砂石等触觉材料，增强人与自然的情感联结。

（二）心理情感需求响应

景观环境需精准响应游园者的心理情感需求，体现"环境塑造人"的设计哲学。宁静湖泊与郁葱森林能缓解现代人的生活压力，而活力广场与特色商业街则可激发社交欲望。设计师应基于目标人群的心理特征，通过空间布局与元素配置，营造符合预期的情感氛围。

（三）文化历史内涵挖掘

认知景观设计高度重视文化历史背景对空间认知的影响。不同地域文化孕育独特审美价值，历史记忆赋予景观深层文化底蕴。设计师通过挖掘本土文化内涵，采用"传统元素现代化"手法，创造兼具美学价值与文化意义的空间。例如在古城修复项目中，通过保留古建筑、重现传统街巷格局，延续历史文脉。

（四）可持续生态实践

认知景观设计以生态平衡为核心理念，通过本土植物选用、水资源优化、低碳技术应用等措施，实现景观系统与自然生态的共生发展。这种设计范式不仅满足当代需求，更着眼于未来环境的可持续性，通过科学规划为城市生态平衡提供解决方案。

作为融合科学、艺术与人文关怀的综合性学科，认知景观设计以独特视角塑造富有意义的空间环境。在未来城市发展中，其人性化设计理念与生态实践模式，将在构建可持续人居环境中发挥愈发重要的作用。

第二节　如何培养景观设计师

一、走出认知误区

合格的景观设计师必须建立科学的概念认知观，这是引导景观设计走向科学化的关键因素。培养系统的设计思维，需要从基础入手，循序渐进地构建知识体系，这是组织设计构想的有效方法。正确获取设计概念应规避以下认知误区。

1. 路径依赖：若设计师一味重复既有概念，忽视创新灵感的挖掘，终将丧失创新能力。

2. 闭门造车：过度依赖设计史或专业文献中的空间塑造、材料搭配等手法，忽视外部参考资料的整合，将难以适应项目发展需求。

非黑即白的极端思维模式，往往曲解创新设计的概念来源。唯有遵循设计概念的生成规律，才能突破认知局限，探索创新设计的有效路径。

二、设计概念的形成

在景观设计及专业教育领域，概念的形成对设计全流程具有决定性作用。它既是设计师表达设计思想的核心载体，也是记录设计逻辑、传递设计意图的媒介，更是融合情感表达与构思呈现的视觉语言建构过程。在景观创新构思阶段，推导设计概念需要解决各类复杂问题，要及时捕捉潜在创新点，又难免受限于设计者的专业背景与阅历认知。资深设计师凭借深厚的景观语汇储备与问题处理能力，往往能高效完成概念的形成；而设计新手则因经验不足，常面临概念构建艰难的困境。

面对项目中的多元挑战，理清设计思路、明确设计目标、锚定概念方向是设计者的核心任务。在概念形成阶段，初始构思的有效性至关重要，相较于其他设计要素，确定概念发展方向与边界具有优先地位。根本原因在于，优秀景观项目源于精准的设计判断与概念定位，通过概念深化推动问题解决，最终形成设计关键点。

三、自我创新培养

（一）构建概念素材库

实现设计创新应遵循"认知—积累—转化"的逻辑路径：首先建立科学的概念认知观，其次通过系统化训练强化构思能力，持续积累景观语汇并创造性地进行选择、组合与灵活应用。设计概念并非凭空臆造，而是源于生活观察与知识积淀。设计者必须通过多渠道广泛获取信息，培养发散思维能力，逐步充实头脑中的"概念素材库"，增强应对多元化项目的设计信心。

（二）探索创新概念

概念生成过程往往充满挑战性，从无意识触发到有意识深化，体现设计工作"痛并快乐"的本质特征。初始阶段通过内外环境刺激产生模糊构思，经反复推敲提升概念清晰度，最终通过多元路径探索实现概念落地。这一过程要求设计者保持开放的心态，善于捕捉灵感的火花。

（三）转化创新概念

概念转化是将抽象构思具象化的理性过程，涵盖演绎、推理、发散等思维活动，需要通过系统分析确保概念与方案的契合度。概念设计的核心在于准确性与完整性——其价值不仅取决于概念本身的创新性，更在于能否有效指导设计实践。设计者应注重主观感性思维与客观分析的结合，通过思维导图、草图记录等方式拓展创意边界，为概念深化提供充足素材。

四、概念创新类型

针对设计项目的特点和定位，需要找到具有鲜明特色的设计概念，而概念构思的形成则是这个阶段工作的重中之重。对于设计师而言，要尽快找到适合项目特点和定位的设计概念。分析主要问题所采用的创意概念既有正向思维也有逆向思维。全面研究项目设计的潜在问题，常见途径有主动获取式、被动获取式和综合获取式等。

(一)主动获取式

设计师通过发挥主观能动性，展现专业设计能力与职业素养，与业主进行深度沟通，并运用成熟的思维方法获取设计概念。其获取方式不限于工作时段，也不拘泥于项目任务书的限定要求（图2-1）。设计灵感可能源自日常生活场景，如散步、娱乐、用餐或旅行等。这种主观意志驱动下的概念生成方式，既能增强设计者的自信心，也能提升其在项目中的主导地位。

值得注意的是，设计师要警惕主观能动性被异化为"自大"或"过度自我"的风险。设计本质上是团队协作的过程，要尊重设计客观条件，将主导作用限定在合理范围内。

(二)被动获取式

相较于主动获取模式，被动获取方式显著降低了设计师在设计过程中的主导地位。在项目初期，设计师主要扮演信息接收者角色，被动吸收消化业主需求与设计资料。由于受业主方干预较多，这种被动式概念生成方式易使设计结果趋向"无特色"与"平庸化"（图2-2）。

(三)综合获取式

综合获取模式以主动获取为主导，辅以被动获取方式，是设计师最常用的概念生成途径。在构思阶段，设计师需要根据项目特征与自身风格，合理调整两者的使用比例，最终实现双重目标：既契合项目定位，又能展现设计概念的独特性（图2-3）。

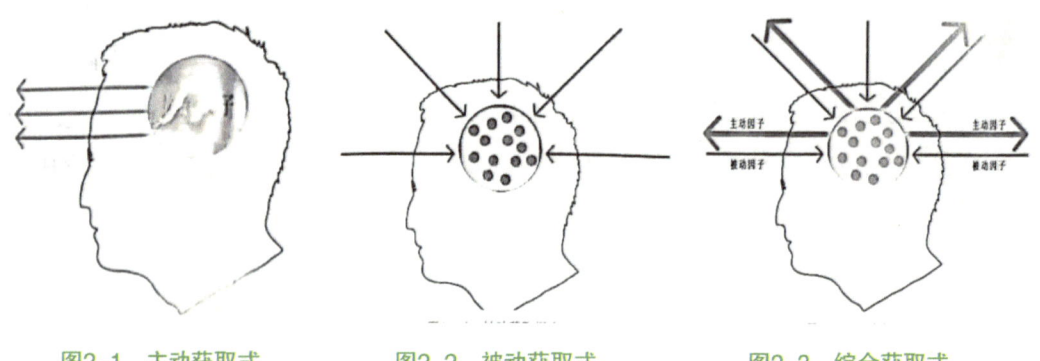

图2-1 主动获取式　　图2-2 被动获取式　　图2-3 综合获取式

五、创意设计应用

(一)什么是创造性设计

通常认为，创造性与新颖性、非常规性解决问题的方式密切相关。在概念构思阶段，创造性的缺失可能制约问题识别与解决的深度。创造性思维不仅有助于设计师突破常规方法，更能挖掘特定条件下难以获取的新信息。

"创造性""独创性""创新意识"等概念已深度融入设计教育与实践，彰显创造力作为设计师核心素养的重要性。在设计过程中，多重因素影响设计进程并决定其发展方向。概念生成往往受已有理念与手法的制约，完全原创的想法极为罕见。如何基于现有原则构建新的解决方案，是设计者要持续探索的关键命题。

创造并非盲目臆造，而是源于外部信息的激发与现存事物的再创造，其本质是对既有知识体系的创新性重构。

（二）怎样转化创意

设计者在设计过程中，主要通过绘制符号化图标、制作概念模型或运用视频影像等方式，并辅以文字解说来传递设计构思。这一创意生成过程呈现出从模糊到清晰的渐进特征。创意概念既可以是构思想法的具象化表达，也可以是传统文化的感性转译，或是要素的强化重构，甚至突破性创新思维的呈现。

在设计学习领域，常借助技巧、范例、语汇及程序等设计媒介，通过创新表达与实践探索实现设计媒介的创新迭代。如何推动设计概念的迭代演进？面对景观行业"云生活"数字化转型趋势，设计者要持续扩充大脑的"信息库"容量，逐步突破传统思维模式的桎梏，方能在概念形成阶段精准选择媒介语言，实现设计过程的游刃有余。

（三）创意设计媒介

在概念生成过程中，设计者常通过多媒介获取的信息激发创意灵感。创意思维的激发也源于设计媒介的刺激，而媒介的迭代直接推动设计概念的形成。日常事物往往成为设计思考的触发点，对初学者而言，掌握这些媒介是概念构思的重要基础。若设计师具备深刻提炼思维媒介的能力，概念形成过程将更加顺畅。常见设计媒介包括：

a. 查阅景观设计专业书籍与权威网站；

b. 跟踪行业发展趋势与前沿动态；

c. 观看科教、地理及旅游类节目；

d. 通过旅行考察或经典案例复盘等方式获取灵感；

e. 阅读自然科学、文学、哲学及艺术类著作；

f. 与业主、团队成员进行多维沟通；

g. 以速写笔记具象化关键主题意向；

h. 深度解析并记录优秀景观案例。

随着时代的发展，创新创意概念生成媒介持续迭代，推动思考维度向更广更深的方向拓展，进而扩大设计概念的范畴——如参数化设计方法在建筑领域的革新应用。

（四）认知景观创意途径

在理解设计概念的基础上，明确设计概念与概念设计的本质特征及相互关系，梳理二者的逻辑脉络，以指导设计实践。设计概念是设计者对设计过程中产生的感性认知进行归纳与提炼后形成的核心思想。因此在设计前期，设计者需要通过系统调研与策划，分析客户需求、设计目标、地域特征及文化内涵等要素，结合自身专业素养与创新思维形成初步构思，最终从多元方案中凝练出精准的设计概念。

概念设计是以设计概念为主线贯穿整个创作过程的方法论。作为完整的设计体系，它将设计者零散的感性认知与瞬时灵感升华为统一的理性思维框架。若将概念设计比作一篇文章，设计概念便是贯穿全文的主题思想。

把握设计概念的复合特征是概念构思工作的基础。设计概念具有复合性、延续性、抽象性、具象性、概括性与原始性等多重属性。创意概念源于问题分析，并在持续演化中拓展深化。其形成过程依托综合知识体系，要求设计者具备跨领域的专业积累。设计要以明确的主题为核心，构建完整的逻辑框架，才能向体验者传递原创主旨，引发精神共鸣，实现设计价值。

第三节　认知成长路径

一、正确看待技能差异

（一）差异化的学科发展路径

景观设计学作为融合自然科学、人文艺术与工程技术的交叉学科，其核心使命在于通过系统化地设计实现土地与人居空间的可持续发展。该学科以生态性、文化性、功能性为设计原则，在城乡规划、公园绿地、历史保护等领域发挥关键作用。当前我国景观教育呈现多元化特征，分布于工、农、林、文等多学科体系：理工类院校侧重工程技术与规划思维，农林类院校强调植物应用与传统园林技艺，艺术类院校则突出创意表达与空间美学。从业者类型涵盖学术引领型、实践骨干型及专业技术型，其能力结构差异源于教育背景与实践积累。面对行业数字化转型趋势，景观设计学需要在传统教育基础上强化跨学科整合，通过主动获取与被动获取相结合的概念生成模式，构建包含多感官体验、文化挖掘、生态实践的创新方法论体系。正如李津逵教授所言，景观设计学的发展需立足现实场域，通过实证研究实现理论与实践的双向提升，最终在人居环境优化中践行"设计为人"的核心价值。

（二）学业层次的从业差异

进入21世纪以来，随着物质文化需求升级，公众对人居环境、休闲康养、商务办公、文旅社交等空间提出更高品质的要求。在生态文明建设背景下，景观设计专业人才需求持续增长，年服务的单位与组织数量逾千。历经20余年发展，景观从业者教育层次形成三大类型五个层级的多元化培养体系（图2-4）：从高职高专到本科、研究生的教育序列，其结构性差异与岗位需求形成精准对应。无论是规划、设计、建设等公共管理部门，还是施工、物业等私营机构，景观设计均属具有发展潜力的新兴专业领域。从业者需理性看待技能差异，探索职业化发展的科学路径。

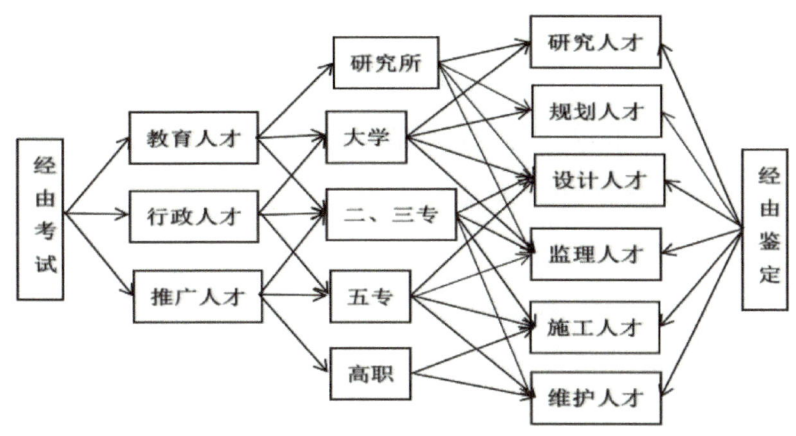

图2-4 三大类型五个层次的从业教育

二、认知成长路径

（一）造园师与园丁的职业差异

当前职业院校毕业生主要接受高职高专层次教育，国家职业教育政策注重高素质技能型人才的岗前培养。针对职业本科层次的高职院校学生，要明确其专业发展定位：无论从事设计或工程管理，均需要构建从技术能力到管理素质的进阶体系。学生通过系统学习解除成长困惑，实现从基础技能到专业能力的逐步提升。

在园林景观领域，造园师与园丁承担不同职能，职业本科毕业生可胜任造园师岗位，而高职高专学生可凭借专业技能实现从园丁到造园师的职业晋升。但要注意两者的本质区别：造园师侧重设计与项目管理，而园丁更专注于植物养护与基础施工。

1. 专业背景与职责范围

造园师通常具备系统的专业教育背景，一般拥有园林、景观、园艺或相关专业学位。他们接受过景观设计、植物学、生态学等多领域的系统训练，主要职责是将景观设计师的理念转化为实体工程。其工作涵盖园林项目的规划设计、施工管理与质量把控，需要协调各环节确保作品兼具美学价值与生态功能。

园丁的专业背景相对多元，他们大多通过实践经验积累园林知识技能，未必接受过系统化的专业教育。其核心职责聚焦于植物的日常养护与管理，包括种植、修剪、施肥、病虫害防治等基础工作，确保植物健康生长与良好的景观效果。部分园丁也参与景观布局设计，但更注重方案的实用性与维护的便捷性。

2. 技能与知识要求

造园师应具备较强的设计创新能力，能够独立完成园林工程的全流程设计与施工管理。同时还应掌握工程预算编制、材料选型、施工组织等专业知识，确保项目的经济性与技术性的平衡。

园丁则要具备丰富的实践经验与细致的观察力，精通植物日常养护技术。他们需要熟知不同植物的生长习性与养护标准，熟练掌握修剪造型、精准施肥、病虫害综合防治等专业技能，保障植物群落的健康稳定。

3. 工作重点与价值体现

造园师的核心职能是园林工程的系统性规划设计，其作品常成为城市或区域的地标性景观，对提升环境品质与城市形象具有显著作用。

园丁的工作聚焦于景观空间的精细化维护，通过日常养护保障植物群落的长效美观与生态平衡。其工作虽以基础维护为主，却是维系景观生命力的关键环节。

二者在园林景观产业链中形成互补关系：造园师奠定空间品质基础，园丁守护景观可持续发展，共同致力于人居环境的优化提升。

（二）纵横交错的成长路径

研究人与环境的关系，来源于人对健康生活的诉求，这是行为心理学的应用，即环境心理学。审视人居理念的变迁，人们欣赏景观及处理的方法常以历史文化和经济条件为基础，这也是现代景观设计的工程实践。研究景观设计师的成长路径（图2-5），纵向轴线是管理素质的哲学途径，这是从头到脚的理论学习过程；横向轴线是技术能力的实践途径，这是从脚到头的技能训练方法。当景观表现自然环境时，景观规划意味着需要创造一个美好环境。当景观为表现人造环境＋文化之和的时候，景观规划设计就意味着要设定一系列的物理和环境参数，并在其限定范围内设计出适合人类的栖居之地。因此，景观设计的课程学习，从审美理论到设计体验，是学习与研究的基本过程离不开从观念到实践的综合培养。研究景观设计师的培养路径，理论学习是基础，设计训练是关键。A·比埃尔将景观规划理解为一种思考方式，这种思维是哲学应用的途径。他使规划师、政治家、大众能认识到一切土地规划和管理决定都必须建立在对人与自然的理解之上。这不仅是将认识能力扩展到生态互动的环境问题上，更是居住质量的深层次应用，他认为景观规划不仅是总体环境设计的组成部分，还是某种管理或造景的人工行为。因此，景观规划的专业体系包含了城市、乡村规划的内容，"为而不恃"的设计原则，远远超出了"建筑学"的传统意义。

对人与环境关系的研究源于人对景观的诉求，这涉及环境心理学的应用范畴。人居理念的变迁表明，景观欣赏与处理方式始终以历史文化和经济条件为基础，构成现代景观设计的实践内核。景观设计师的成长路径呈现双轴特征。

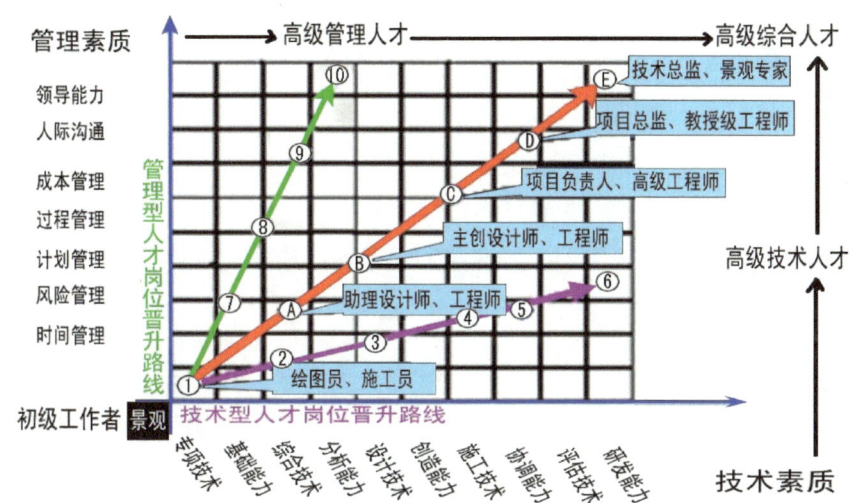

图2-5 景观设计师的成长路线

1. 纵向轴线：以管理素质培养为核心的哲学路径，通过由上而下的理论构建，实现从理念认知到决策思维的系统提升。

2. 横向轴线：以技术能力训练为重点的实践路径，通过自下而上的技能积累，达成从操作执行到创新应用的能力进阶。

景观规划设计具有双重属性：当景观作为自然环境的载体时，其核心在于创造生态美好的人居空间；当景观成为人造环境与文化的综合体时，需要通过设定物理与环境参数，构建适宜人类栖居的空间系统。因此，景观设计教育需构建"审美理论—设计体验—实践创新"的完整培养链，强调观念与实践的融合。

【实训环节】

1. 训练任务：探究园林景观设计的职业成长路线。

2. 训练目的：通过本次训练，学生需掌握景观设计师的从业层次差异，结合具体院校的专业设置，深入分析如何开展跨学科学习。

3. 训练步骤：

(1) 分组：每3人组成一组，推选1名组长。

(2) 资料搜集：各组长组织小组成员讨论确定需搜集哪些与景观设计师相关的学科资料，随后分别从网络、图书馆等渠道进行资料收集。

(3) 讨论分析：各组长组织本组成员整理、汇总主题问题的探讨结果，重点针对跨学科学习的专业规划及职业成长路线展开讨论分析，并做好相关记录。

(4) 展示讲解：将讨论成果制作成内容丰富、美观的PPT，在课堂上进行展示讲解。

【问题练习】

1. 简要论述如何实现从"学生"到"景观设计师"的转变。

2. 造园师与园丁有哪些区别？

3. 根据当前的就业形势，谈谈自己的职业构想。

要求：①条理清晰地阐述什么是景观设计专业；②明确景观设计课程的学习内容及学习方法；③探讨个人成长目标。

第三章 走进园林世界

第一节 中国古典园林

一、中国古典园林的发展历程

(一)早期园林的形成

在中国历史上,夏朝(约公元前21世纪)是奴隶制社会形成的重要阶段,关于园林形式的明确记载尚未发现。商朝(约公元前16世纪)进入有文字记载的历史时期,考古学家从甲骨文拓片中发现了"园""囿"等象形字(图3-1),标志着中国早期园林形态——"囿"的诞生。据考证,"园"是栽植果树与观赏植物的专属场所,体现统治阶层的特权;"囿"则以天然草木与鸟兽自然生长为特征,兼具掘池筑高台的功能,用于登高观天象、通神明,如周文王灵囿、吴王姑苏台等。其中,"烽火戏诸侯"的典故既反映了先秦时期"苑、囿、台"组合形式的成熟,也体现了园林兼具军事、狩猎、通神、生产、休憩等复合功能。商周时期"园、囿、台"的出现,标志着中国古典园林雏形的形成。

图3-1 甲骨文中"圃""囿""园"的字形

(二)中期发展转折

秦汉时期确立"天人合一"的哲学思想,"一池三山"模式成为后世皇家园林的典范。魏晋南北朝时期因民族融合催生"园林"概念，山水画理论推动自然山水造园技法发展，形成皇家与私家园林并行格局。唐宋时期社会的繁荣促进宫苑园林兴盛，白居易庐山草堂、杜甫草堂等文人园林标志着私家造园的成熟，《营造法式》等著作奠定技术体系。至明清时期，江南私家园林以"虽由人作，宛自天开"为准则，通过叠山理水营造诗画意境，苏州拙政园、留园等成为典范；皇家园林则集南北造园之大成，颐和园昆明湖与万寿山的山水布局，圆明园"万园之园"的集锦式设计，均体现出中国古典园林的最高成就。这一发展脉络展现了从功能性场所到艺术化空间的演进，形成独特的东方园林美学体系。

（三）晚期衰退与复兴

元明清时期是中国古典园林的定型阶段，经历了由衰退走向复兴的过程，涌现出北京故宫、颐和园、江南园林等典范之作。此时期园林发展呈现鲜明的地域特征：地理分界线通常以秦岭—淮河一线为界，北方园林雄浑大气，南方园林精巧灵秀；民间亦有"过了长江方见江南园林"的说法。

从类型划分，中国园林可分为三大体系。

皇家园林：以北京故宫、圆明园、承德避暑山庄为代表，体现皇权至上的审美追求。

私家园林：苏州留园、网师园、拙政园等江南名园，展现文人士大夫的隐逸情怀。

寺观园林：四川青城山常道观、河南少林寺、山东崂山太清宫等，融合了宗教文化与自然景观。

值得注意的是，岭南地区形成独特的园林风格，广东佛山梁园、顺德清晖园、东莞可园、番禺余荫山房及广州十香园被誉为"岭南园林五杰"。

梳理中国园林发展脉络，从商周雏形到唐宋繁荣，再至元明清复兴，各时期代表作品均以"虽由人作，宛自天开"为准则，通过叠山理水营造诗画意境。这种造园艺术不仅承载着中国传统文化的精神内核，更与农耕经济形成良性互动，推动人居环境与自然生态的和谐共生。

二、中国古典园林的类型

（一）皇家园林

皇家园林建筑风格沉稳敦实，受北方气候影响形成了封闭的特征，具有刚健之美。园林水体多是中小型规模，叠山规模较小且形态浑厚凝重，观赏树种品类少于江南地区。规划布局注重中轴线与对景线的运用，整体呈现庄重严谨的空间秩序。园内空间划分较少，整体布局更显统一完整。

代表案例：北京故宫、沈阳故宫、颐和园、承德避暑山庄、圆明园、北京恭王府、曲阜孔府铁山园、潍坊十笏园、济宁荩园、天津荣园、青州偶园、太谷孟氏宅院等。

（二）江南园林

江南地区气候温润、水源丰沛，园林以水景取胜，通过叠石理水构建主景框架。植物配置品类丰富，竹类以终年翠绿作为基调，辅以蔓草藤萝增添山林野趣。建筑风格延续文人园林传统，追求淡雅朴素，布局自由灵活，建筑形式不拘一格，厅堂设置因地制宜，亭榭廊槛穿插其间，突破对称布局的束缚，形成清新洒脱的风格特征。

代表案例：苏州拙政园、网师园、留园、狮子林、扬州个园、南京瞻园、无锡寄畅园、上海豫园等。

（三）寺观园林

寺观园林具有显著的历史传承性，其空间融合自然景观与人文景观，承载着深厚的历史文化价值。在选址上，寺观多择址于自然环境优越的名山胜地，通过灵活布局形成独特的空间格局。园林营造注重因地制宜，巧妙利用山岩、洞穴、溪涧、深潭、清泉、奇石、丛林、古树等自然要素，结合亭、廊、桥、坊、堂、阁、佛塔、经幢、山门、院墙、摩崖造像、碑石题刻等人文构筑物，创造出兼具天然野趣与宗教意境的园林景观。这种以自然景貌为主体的造园方式，积累了丰富的建筑与自然环境融合的设计手法。

代表案例：杭州灵隐寺、浙江普陀寺、泉州开元寺、山西永乐宫、洛阳白马寺、五台山显通寺等佛教寺院，以及四川青城山常道观、焦作云台山百家岩寺、十堰武当山紫霄宫、平凉崆峒山问道宫等道教宫观。

（四）岭南园林

岭南地处亚热带，植物资源丰富，园林中观赏植物品类繁多。建筑占比较高，兼具遮阳与防御台风的功能。园林规模普遍较小，但建筑物的通透开敞程度更胜于江南园林，外观造型呈现轻快活泼的意韵。建筑细部工艺精湛，常融入西方样式元素。叠山技法独具特色，多采用姿态嶙峋、皴折繁密的英石堆叠，形成"塑石"景观。理水手法丰富多样，少数方整几何形水池体现了西方园林的影响。植物配置注重多样性，大量引进外来物种。

代表案例：顺德清晖园、番禺余荫山房、佛山梁园、东莞可园、广州十香园等。

第二节　开拓崭新视野

世界园林从地域上看，尽管分布广泛，但可概括为以欧洲园林、阿拉伯园林和东方园林为主的三大类型体系。这种园林类型的划分，主要依据是受世界三大文化圈的重要影响。

欧洲园林多分布在欧洲主要国家以及北美国家。这些国家文化生活渊源相同，多将英语作为通用语言，其园林设计和建设理念较为相似：起初呈现出对几何形体的追求，带有征服自然的意味，后来逐渐向生态理念转变。阿拉伯世界位于欧亚大陆中间，主要由伊斯兰国家组成，其园林风格具有很强的装饰性。而以中华文化为主导的东亚地区，包括日本和部分东南亚国家，都深受中国古典文化的深远影响，由此被统称为东方园林。

这些园林景观创作方法的总体特征有如下三点：其一，注重营造空间的戏剧性，园林中的设计充满幻想与诱惑；其二，讲究隐喻的传达，呈现出经过艺术化处理、富有延展性的自然风景园；其三，重视体验感，强调游客的参与。

一、欧洲园林

（一）法国：古典主义

1. 法国的城市广场

（1）城市广场的概念与历史演变

城市广场是为满足城市社会生活需求而构建的户外公共空间，通常由建筑、道路、山水、地形等要素合围而成，融合软质与硬质景观，采用步行交通体系，具有明确主题思想与空间规模的节点型城市公共活动区域。

（2）城镇广场的功能与分类

城镇广场是城市总平面布局中未被建筑占据、与城市道路相连的公共空间，常作为地域文化象征。现代广场按功能可分为市政广场、交通广场、商业广场、集会广场等，本质上是由建筑群围合而成的城市空间形态。

2. 案例解析——巴黎协和广场

作为现代市政广场的典范，巴黎协和广场（图3-2）集中体现了法国古典主义设计思想，其空间构成具有五大特征。

① 边界清晰性：以建筑外墙而非围墙界定空间边界，形成明确的"图形—背景"关系；

② 阴角完整性：利用建筑转角形成封闭性"阴角"，强化空间围合感。

③ 铺装连续性：地面铺装延伸至边界，明确空间领域。

④ 界面统一性：周边建筑风格协调，保持宜人的高宽比。

⑤ 轴线主导性：通过中心轴线串联主题景观，形成完整统一的空间序列。

代表作品：凡尔赛宫、枫丹白露宫

图3-2 巴黎协和广场鸟瞰图

（二）英国：模仿自然式风景

1. 园林的设计特点

18世纪20年代，英国城市建设摒弃了笔直的林荫大道、几何形状的布局以及对称整齐的园林格局。在景观规划设计方面，倡导自然式的树丛草地、蜿蜒曲折的河流与道路布局，并注重园林与外部景物的融合。

英国人学习并吸收了中国"天人合一"的理念精髓，将城市空间中的花园营造得如同大自然的有机组成部分，这种风格的造园被称为英国式自然风景园林。英国园林强调理性、客观、写实的设计，打破了园林内外的明确界限，主张与自然环境深度融合，使园林空间设计更具整体性与宏大感。

这种人与自然和谐共生的设计理念，具有开放性和公共性，能够因地制宜地处理园林边界与周边环境的衔接关系。由此可见，英国式自然风景园林的设计思想，有助于指导设计师注重自然与建筑的协调关系，营造出外向、和谐的景观特质。

2.景观元素的应用特点

代表案例是由马尔伯罗一世公爵约翰·丘吉尔始建于1705年的邱园，其特色主要体现在植物配置、水体组织和道路铺装等方面。

①植物配置：园区植物群落设计摒弃人工整形修剪的植物造型，草坪和花坛中引入几何图形或螺旋图形样式。建筑物前铺设开阔的草坪，且设置不规则的花坛，将不同花期、色彩和株形的花卉密植搭配。周边成片种植乔灌木，注重植物高低错落、冠型姿态及四季季相的变化。邱园内设置的玻璃温室，收集了世界各地的名木异卉，兼具植物科普教育功能，为市民提供了学习植物知识的场所。园区外围常用杜鹃、蔷薇、月季、郁金香、水仙、风信子、金盏菊、雏菊、万寿菊、薰衣草等花卉，营造出良好的时令观赏效果。

②水体组织：水体多采用蜿蜒曲折的天然河流形态，人工水面力求模拟自然水系特征。草坡以舒缓的坡度自然延伸至水体，形成无明显驳岸的生态景观。水岸为自然曲折的倾斜坡地，湖边多布置疏林草地，植物以优美的姿态向湖面延伸生长（如图3-3）。

③道路铺装：铺地采用古朴色系和粗糙的饰面层，以避免明显的线条分割。园内少见笔直的林荫道，主要为草地小径及隐匿于林中的高低起伏的弧形步道。不通向其他景点的园路，通常终止于森林、奇岩、断崖、废墟或大型建筑处。铺装的材质以小块天然深色石材、小石子、鹅卵石和透水砖为主。

图3-3 英国邱园的水系景观

（三）意大利：台地园林

在文艺复兴时期的园林艺术中，数意大利园林最为出名。意大利位于欧洲南部亚平宁半岛，是一个多山多丘陵的国家，属亚热带地中海气候。夏季山谷平原地带闷热难耐，而丘陵山地却阴冷严寒。这些独特的地形地貌和气候特征，构成了影响意大利园林风格形成的自然条件。而意大利园林风格形成的社会动因主要是文艺复兴运动的发展，当时出现了美第奇式园林、台地式园林和巴洛克式园林三种主要风格。

文艺复兴初期流行的美第奇式园林，主要依托丘陵地势而建，注重与周边自然环境的融合，常设置观景点供远眺和俯瞰。园林将山地地形改造为多层台地，各台地相对独立，未形成贯穿全园的中轴线。建筑多选址于山地高处，庄园内常见雕塑与喷泉相结合的局部中心景观。

文艺复兴中期，台地园林逐渐兴起。该风格在利用地形修筑台地的基础上，采用严谨的规划布局：明确的中轴线贯穿全园，形成主轴线与次轴线的层级关系，轴线多以垂直、平行或放射状形式呈现。中轴线景观节点通常由水池、喷泉雕塑或特色台阶、坡道构成，形成强烈的透视效果；其他景观则对称分布于中轴线两侧。各台地的中心景观多采用水体造型与雕塑相结合的形式。建筑选址特点与初期类似，仍偏好园地制高点，以满足俯瞰和远观的需求。此时，庭院被视为建筑空间的室外延伸，其设计旨在追求园林景观的空间形式与建筑室内外风格的高度统一。

意大利园林多附属于郊外别墅，庭院与别墅通常由建筑师统一设计，形成完整的布局体系。以意大利兰特庄园（图3-4）为例，其继承古罗马花园传统，采用规则式布局但弱化了轴线控制。园林分为两部分：紧邻主体建筑的花园区域，以及外围的林园。由于意大利的多丘陵地形，花园别墅常建于斜坡之上，花园依地形划分为多层台地。台地上沿中轴线对称布局几何形水池，并以黄杨或柏树修剪成花纹图案的植坛。

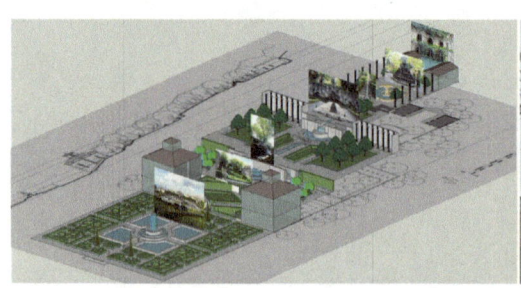 

图3-4　意大利兰特庄园

园林设计注重水体营造，通过地形高差修建渠道引山泉水入园，或通过管道将水输送至平台，利用水压形成喷泉。跌水与喷泉构成花园中的动态景观焦点。外围林园保留自然风貌，树木茂密形成生态背景。主体建筑多位于最高层的台地，便于俯瞰全园及周边自然景观。

意大利园林的典型特征包括：严格的中轴对称布局，主次空间层次分明；植物修剪规整，形成尺度宜人、光影和谐的空间氛围；水景形式丰富，结合雕塑、水风琴、水剧场等设施，利用水的动态、声响与光影效果，营造华丽而富有韵律的景观氛围。

代表案例包括：菲埃索洛庄园、埃斯特庄园、阿尔多布兰迪庄园、伊索拉·贝拉庄园、加尔佐尼庄园和冈贝里亚庄园。

此外，自20世纪50年代起，欧洲园林建设开始走上以生态为主导的现代革新之路。在城市重建的需求下，工业发展推动了以柯布西耶现代主义城市功能分区为蓝本的城市重建（urban reconstruction）。由于人们对老城区无序混乱、拥挤暗淡和自然缺失的不满，以及对现代化新城市的向往，许多城市中心拆除原有建筑，建成适应汽车交通的道路系统，瓦解了原有的密集城市空间。

随后的1960-1970年，城市更新（urban renewal）成为复兴城市的主要途径，旧城区开始了恢复性重建。随着城市规模的扩张，20世纪80年代发达国家内城"空心化"引发一系列经济、社会和城市空间问题，现代主义遭受批判。此时城市更新已演变为城市再开发（urban redevelopment），旨在保存历史建筑与景观，调整土地用途以吸引新兴阶层入住。

1990年以来，发达国家产业结构转型加速，传统工业衰退导致城市人口流失，大量工业建筑闲置。城市再生（urban regeneration）成为城市复兴战略，通过保留式更新保护城市遗产与肌理。

二、阿拉伯园林

（一）西班牙阿拉伯

公元710年（8世纪），阿拉伯人攻入西班牙，带来伊斯兰宗教文化及园林风格，并结合当地条件形成西班牙式庭园，典型代表包括格内拉里弗花园和阿尔罕布拉宫。格内拉里弗花园（图3-5）作为现存最古老的摩尔式花园，与阿尔罕布拉宫（图3-6）共同列入联合国教科文组织世界文化遗产名录。

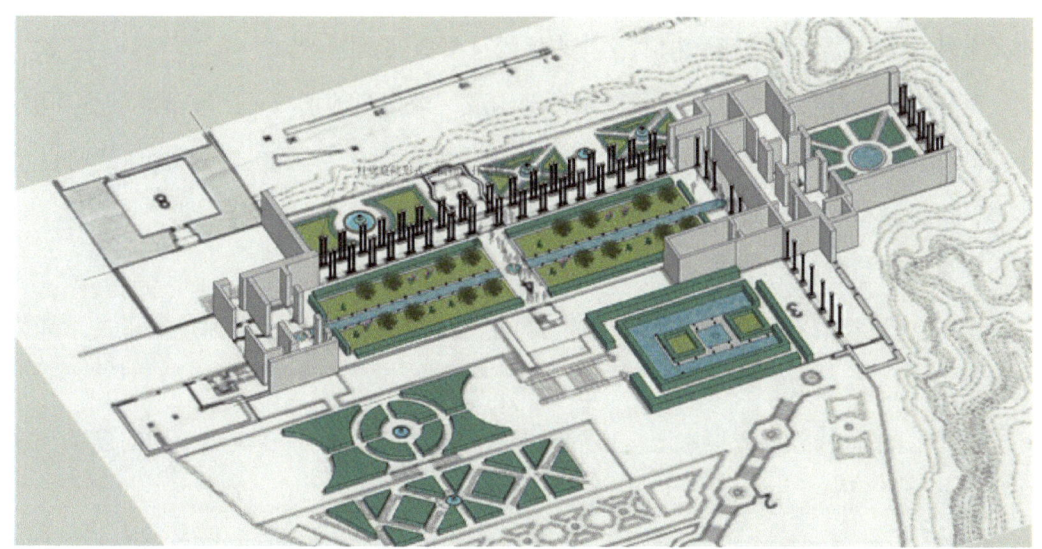

图3-5　格内拉里弗花园

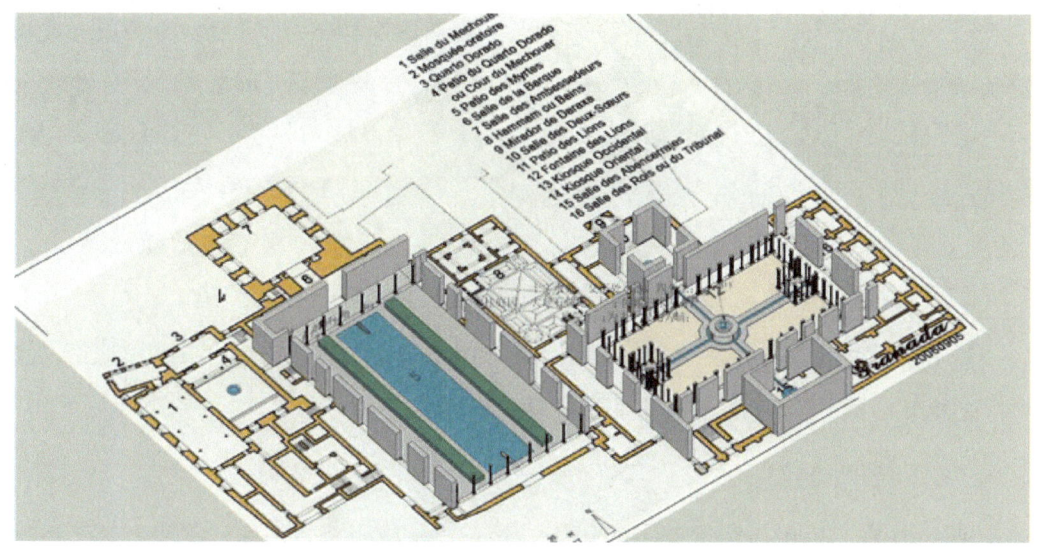

图3-6　阿尔罕布拉总平面图

阿尔罕布拉宫的典型布局为四周建筑围成的方形庭园（Patio），采用带拱廊的阿拉伯式建筑，装饰精细。庭园中轴线设方形水池或长条形水渠，配喷泉，地面以五色石子铺成纹样。从水渠中庭西侧拱廊可远眺150米外的阿尔罕布拉宫高塔。拱廊下方底层台地为黄杨矮篱组成的图案植坛，中间由礼拜堂分隔为两块。北侧拱廊后为简朴府邸，透过窗户可观赏西侧宫景。

府邸地势较高，下方数米处为方形小花园，四周由开有拱窗的高墙围合。这座面积百平方米的蔷薇园以米字形甬道分割，中心设圆形喷泉。东侧密园布局独特：2米宽的"U"形水渠围合成矩形"半岛"，中央设方形水池。与水渠中庭相似，"U"形水渠两岸排列整齐的喷泉，细水柱呈拱状射入渠中，两庭院水系连通。方形水池两侧为灌木及黄杨植坛，靠墙种植高大柏木，营造高贵且肃穆的氛围。

南侧花园由层层叠叠的窄长条花坛台地构成，众多泉池形成了阴凉湿润的小环境。小空间布局与色彩绚丽的马赛克碎砾铺地体现出典型伊斯兰风格。顶层台地建有白色望楼，可远眺全景。台地花园南北两端各设蹬道连接上下，并与望楼相接。

阿尔罕布拉宫的主要特点包括：

① 主体建筑沿四周布局，围合形成方形庭园，采用阿拉伯式拱廊建筑形式，其装饰雕刻工艺精湛（图3–7）。

② 中庭中轴线设置方形水池、条形水渠或喷泉（图3–8）。在炎热干燥的夏季，水体不仅具有重要的使用价值，还能营造凉爽湿润的微气候。

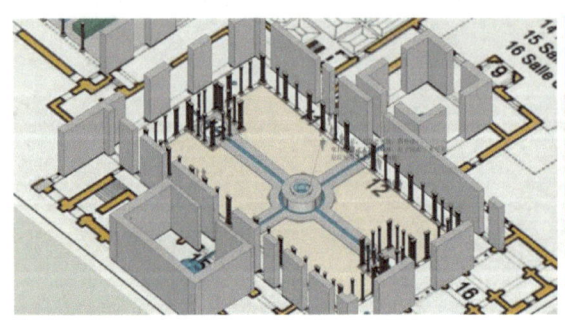

图3–7 阿尔罕布拉宫中心庭院图　　　　**3–8 阿尔罕布拉宫庭院的场景效果**

③ 水池、水渠与建筑之间种植灌木和乔木，植物配置注重层次变化。

④ 周边建筑主要承担居住功能，部分区域通过"院套院"的组合方式形成空间序列，这种布局手法与苏州园林的空间嵌套理念异曲同工。

（二）波斯阿拉伯

"四十柱宫"是伊斯法罕著名的建筑，素有"波斯明珠"之称。宫殿坐落于占地67000平方米的皇家花园中，该花园由阿巴斯大帝始建，而花园中央的宫殿则由其后的阿巴斯二世于1647年建造，专为接见外宾和举办宴会所用。作为波斯伊斯兰园林的经典代表，"四十柱宫"并非实有40根柱子——它是宫殿门廊的20根巨柱倒映在门前清澈的水池中，仿佛形成对称的20根虚柱，故得名"四十柱宫"。这种虚实相生的设计，将人间与水底的双重意境融为一体，引人遐思（图3-9）。

图3-9　四十柱宫的中心庭院

宫殿艺术成就集中体现在四壁和天花板装饰上。诸多部位镶嵌着镜子、彩色玻璃和壁画（图3-10），题材涵盖波斯人与乌兹别克人、莫卧儿人、土耳其人的历史战役，国王接见外国使团的庄重场景，男女共舞的社会风情，以及动植物装饰图案。多数壁画采用工笔细绘技法，线条清晰柔美。

图3-10　四十柱宫的装饰效果

主要景观特点如下：

① 规则式整体布局。东端设386米×140米的长方形广场，周围环绕双列柱廊；西侧延伸笔直的四庭园式大道。广场与大道之间，规划布置宫殿建筑群。

② 四庭园式大道。这条总长超3000米的林荫大道串联四个主题庭园，中央开凿运河并设置形态各异的水池，河岸与池畔铺砌石板形成观景台。庭园包括伊斯兰教托钵僧园、葡萄园、桑树园和夜莺园等，虽布局各有特色，但均以规则式花坛为主体，突出中轴线对称。

③ 四十柱宫核心区。宫殿位居全园中心，水流自建筑贯穿全园，周边环绕对称式

规则花坛，间以林荫步道。20 根巨柱矗立在石头平台上，亭阁三面开敞，既便于观赏庭园景色，又利于空气对流。在炎热干燥的沙漠气候中，这种设计可有效引导夏季风穿过亭阁高阔的屋顶下方，门廊俯瞰西南向延伸的矩形水池，池畔栽植高大乔木形成阴凉环境，主导风将池水冷却的空气直接带入亭阁。

（三）印度阿拉伯

泰姬陵（Taj Mahal）是印度伊斯兰园林的经典之作，属于伊斯兰建筑风格。作为世界文化遗产和印度最负盛名的古迹之一，它被列为"世界新七大奇迹"之一。泰姬陵全称为"泰姬·玛哈尔陵"，是一座由白色大理石建造的陵墓式清真寺，由莫卧儿皇帝沙贾汗为纪念爱妃于 1631-1648 年在阿格拉主持修建。

泰姬陵位于印度北部，属热带季风气候，全年气候炎热，即使在 11 月气温仍可达 30℃，与我国海南、广东、广西等地气候相似。建筑群由殿堂、钟楼、尖塔、水池等构成，主体采用纯白色大理石建造，镶嵌玻璃和玛瑙装饰，其工艺具有极高的艺术价值。作为印度穆斯林艺术的巅峰之作，泰姬陵被誉为"完美建筑"，并享有"印度明珠"的美誉（如图 3-11）。

图3-11　泰姬陵圆穹尖塔和室内装饰效果

这是一座典型的波斯式花园（Persian garden），位于主体建筑前方。中央设置水道喷泉，两行并排树木将花园划分为四个等大的长方形——"4"在其文化中象征神圣与平和。泰姬陵整体呈长方形，总面积约 17 万平方米。陵区四周环绕着红砂石围墙。

陵寝居中，东西两侧对称布置清真寺与答辩厅（两座建筑形制相同）。陵体四角各立 40 米高的尖塔，内设 50 级阶梯供阿訇拾阶而上。大门与陵墓以宽阔笔直的红砂石甬道相连，两侧对称布局人行道，中央设"十"字形喷泉水池（图 3-22）。陵前清澄水道两旁遍植果树与柏树，分别象征生命与死亡。

陵墓表面镶嵌着成千上万的宝石与次宝石，陵墓上的文字使用的是黑色大理石。雕花大理石围栏展现出精湛的工艺，阳光投射时形成变幻多姿的光影效果。庄严的门道象征天堂的入口，上方建有带拱形圆顶的亭阁。原有的纯银门（镶嵌数百银钉）已遭劫掠，而现存铜制门上仍保留了历史痕迹。

园林空间面积虽小，但通过十字形林荫道构成中轴线，将全园划分为四区。中心与轴线交汇处设水池象征天堂，明暗交替的沟渠、盘式涌泉等水系穿插其间。几何形的小庭园依相同树种配置，彩色陶瓷马赛克图案广泛应用于园内装饰。

三、东方园林

（一）日本园林

1. 坐观式茶庭

茶庭（又称露地）（如图3-12）源自茶道文化，至今其景观功能已超越实用价值。这类园林通常在进入茶室的过渡空间中，按特定路线布置景观：以拙朴的步石象征崎岖的山间石径，以低矮的松树寓意茂密的森林，以蹲踞式洗手钵隐喻清冽的山泉，以沧桑的石灯笼营造"和、寂、清、幽"的茶道氛围，整体呈现出浓厚的禅宗意境。

图3-12　日本坐观式茶庭

2. 洄游式庭院（如图3-13）

洄游式庭院（如图3-13）以池塘与流泉组合为主景，而其中的筑山庭是在地形上堆土造山。筑山庭中的土山相当于中国园林中的岗阜，坡度平缓的土丘被称为"野筋"。平庭与筑山庭相对，旨在平坦基地上通过园林布局，于平地上营造深山幽谷的玲珑感或海岸岛屿的邈远意境。

图3-13　洄游式庭院

筑山庭和平庭均有"真、行、草"三种形式:"真庭"是对真山真水的全面模仿;"行庭"是局部模拟并适度简化;"草庭"则是高度抽象化的表达。

3. 禅韵枯山水

枯山水是日本庭园的精华,实质是通过以沙代水、以石代岛的手法(如图3-14),以极简的构成要素营造深邃的意境,追求禅意的枯寂之美。枯山水有两种核心意象:一是象征山涧激流或瀑布的"枯泷";二是表现海岸与岛屿的抽象形态。

图3-14　日式禅韵枯山水的常见做法

池泉庭园与枯山水常结合布局：池泉作为微缩真山水，通常占据园景中心，而枯山水则在自然式水池中设置溪石象征岛屿。与岸相连的驳岸称"中岛"，按位置不同分别命名为龟岛、鹤岛、蓬莱等；立在水中或砂中的岩石亦有多种命名。

（二）东南亚热带风情

在东南亚热带园林中，中心布局常以水池（或泳池）为核心，这是应对炎热气候的重要设计元素。四面尖亭和连廊作为关键景观构筑物，既满足遮阳避雨的需求，又强化空间序列感。植物配置注重自然层次，大型热带棕榈树与攀藤植物构成视觉焦点，常见热带乔木包括椰子树、铁树、橡皮树、鱼尾葵、菠萝蜜等，其形态特征成为营造热带风情的标志性元素（如图3-15）。

图3-15 东南亚景观设计风格

园林构筑物多采用茅草蓬屋或原木亭台，兼具美观性与实用性，主要用于休闲纳凉。园林小品常以东南亚传统民俗造型为原型，如孔雀雕塑、陶罐摆件等。其设计特点为：色彩上以深色系为主，局部点缀红色形成视觉对比；选材崇尚自然肌理，家具强调实用属性；线条处理以直线为主，塑造出简洁明快的轮廓形态。

四、西方园林的发展历程与类型

古希腊园林是西方园林的重要源头之一。这一时期的园林以规则式布局为主，典型代表为柱廊园，注重比例与对称，常与神庙建筑结合，体现对理性与秩序的追求。

古罗马园林继承并发展了古希腊园林的传统，并在别墅园林中融入浴场、竞技场等实用设施，展现罗马人对奢华享乐的追求。

中世纪欧洲园林主要在修道院和城堡中发展，庭园以实用性为导向，通常划分出种植蔬菜和草药的小块区域，同时兼具宗教象征意义。文艺复兴时期的意大利园林艺术达到巅峰，其设计融入人文主义精神，强调几何构图与轴线对称。埃斯特庄园以精美的水景系统和壮观的台地景观著称，成为这一时期的典范。

17世纪法国古典主义园林走向鼎盛，以凡尔赛宫为代表的园林，通过严谨的轴线规划、开阔的草坪空间和华丽的喷泉群，彰显君权绝对的威严气势。

18世纪英国自然风景式园林兴起，反对规则式造园传统，倡导模仿自然地貌，追求自由流畅的空间形态，对全球园林发展产生了深远影响。

19世纪，随着工业革命的发展，欧美园林的设计更注重功能性与公共性，城市公园大量涌现。纽约中央公园作为先驱，为市民提供了休闲娱乐的绿色空间。

20世纪以来，现代主义、后现代主义等思潮推动园林风格多元化。设计师注重创新表达与技术革新，使园林成为融合艺术、社会与科技的综合载体。西方园林的发展史，本质上是一部不断突破传统、探索自然与人文关系的演进史。

【实训环节】

1. 训练任务：探讨如何走进园林世界。

2. 训练目的：通过本次训练，要求参与者掌握中国古典园林的基本发展历程和类型特点，同时结合对世界园林体系的初步了解，拟定深入学习专业课程的相关计划。

3. 训练步骤：

(1) 分组。每3人一组，确定1名组长。

(2) 搜集资料。各组长组织本组成员讨论确定搜集哪些景观设计师以及相关学科的资料，然后小组成员分别从网络、图书馆等途径进行搜集。

(3) 讨论分析。各组长组织本组成员将主题问题的探讨结果进行整理和汇总，并对跨学科学习的专业计划和成长路线进行重点讨论分析，同时做好相关记录。

(4) 展示讲解。将讨论成果制作成精美的PPT，在课堂上进行展示讲解。

【问题练习】

1. 简述中国古典园林的发展历程。
2. 为什么说秦汉时期是中国造园思想的重要形成时期？

3. 简述明清时期中国园林的基本特征。

4. 简述法国巴黎协和广场的景观设计特点。

5. 简述英国园林的设计特点。

6. 世界三大园林体系是怎样划分的?

第四章　景观设计工具及绘图方式

第一节　景观设计传统作图工具

　　景观设计是一门融合艺术与科学的综合性学科，旨在塑造和谐且富有功能性的户外空间。在漫长的发展历程中，传统景观设计的工具发挥了关键作用。它们是设计师构思、表达与实现设计方案的重要依托。了解并熟练运用这些工具，是深入学习景观设计的基础。接下来，让我们一同探索传统景观设计工具的世界。

一、绘图工具

（一）纸

　　（1）绘图纸：绘图纸是景观设计绘图的基础承载物，它质地紧密、表面光滑，能够承受多种绘图工具的反复涂抹而不起毛、不渗墨，保证线条的流畅与清晰，为设计草图和正式图纸的绘制提供了理想的基底，无论是初步的创意勾勒还是精细的方案表达都离不开它。

　　（2）硫酸纸：具有半透明的特性，这使其在景观设计中主要用于方案的复制与叠加修改。设计师可以将硫酸纸覆盖在已有图纸上，透过纸张清晰看到下层图纸的内容，进行描摹、修改或补充设计，方便对方案进行多轮优化。

（二）笔

　　（1）铅笔：铅笔是景观设计草图绘制的首选工具。不同硬度的铅笔用途不同，HB铅笔软硬适中，线条清晰，适合绘制初步草图与一般性轮廓；2B~6B等软质铅笔，笔芯较软，颜色较深，易于涂抹和修改，常用于绘制阴影、材质纹理以及表达光影效果，使设计草图更具立体感和层次感。使用时，可根据设计阶段和表达需求灵活选择铅笔硬度，绘制草图时用力宜轻以便修改，刻画细节时可适当加重力度。

　　（2）钢笔：钢笔线条流畅、细腻且具有永久性，常用于绘制正式图纸和设计方案的精细线条。它能准确地勾勒出景观元素的轮廓、结构和细节。钢笔画出的线条粗细均匀，使图纸更加整洁、专业。使用钢笔时，要注意墨水的流畅性和笔尖的清洁，避免出现线条中断或晕染的情况。

3. 马克笔：马克笔色彩丰富、上色便捷，是快速表现景观设计色彩和材质效果的重要工具。它分为水性和油性两种，水性马克笔色彩柔和、透明，可通过多次叠加来丰富色彩层次；油性马克笔色彩鲜艳、覆盖力强，干燥速度快，适合表现鲜明的色彩和强烈的光影对比。使用马克笔时，要注意笔触的运用，通过不同方向和轻重的笔触来表现物体的形态和质感。

（三）绘图板

绘图板是固定图纸进行绘图的重要工具，它提供了一个平整、稳定的绘图平面，确保绘图过程中图纸不会移动或变形，从而保证绘图的准确度和精度。绘图板的材质通常有木质、塑料和金属等，尺寸大小各异，设计师可根据自身需求选择合适的绘图板。使用时，将图纸用胶带或图钉固定在绘图板上，调整好绘图板的角度和位置，以舒适的姿势进行绘图。

（四）丁字尺

丁字尺由相互垂直的尺头和尺身组成，主要用于绘制水平直线。使用时，将尺头紧贴绘图板的左侧边缘，沿尺身边缘移动绘图工具，即可绘制出精确的水平直线。丁字尺常与三角板配合使用，用于绘制各种角度的斜线和垂直线，是绘制建筑、道路、场地等景观元素平面布局的常用工具。

（五）三角板

三角板有等腰直角三角板和含30°和60°角的直角三角板两种，配合丁字尺可绘制出45°、30°、60°、90°等各种角度的直线。在绘制景观设计的平面图、立面图和剖面图时，三角板能够帮助设计师准确表达景观元素的角度和位置关系。使用时，将三角板的一边与丁字尺边缘对齐，根据所需角度移动三角板，即可绘制出相应角度的直线。

（六）圆规

圆规主要用于绘制圆和圆弧，在景观设计中常用于绘制圆形的花坛、水池、广场等景观元素。圆规由带有针脚的固定脚和带有铅笔或绘图笔的活动脚组成，通过调整两脚之间的距离来确定圆的半径，然后以固定脚为圆心，旋转活动脚即可绘制出圆或圆弧。使用圆规时，要确保针脚牢固地固定在图纸上，避免圆心位置移动，影响绘图精度。

(七)分规

分规的形状与圆规相似,但两脚均为针脚,主要用于等分线段、测量距离和转移尺寸。在绘制景观设计图纸时,分规可用于将较长的线段等分成若干小段,以便精确绘制比例图形;也可用于测量图纸上两点之间的距离,并将该距离转移到其他位置,保证设计元素的尺寸一致性。使用分规时,将分规的两脚张开到所需的距离,然后将针脚准确地落在图纸上进行测量或等分操作。

二、测量工具

(一)卷尺

卷尺是一种常见的测量工具,通常由塑料、纤维或金属制成,可自由卷曲,方便携带和使用。卷尺的长度一般有3米、5米、10米甚至更长,能够满足不同规模景观场地的距离测量需求。在景观设计中,卷尺主要用于测量场地的长度、宽度、高度,以及建筑物、道路、植物等景观元素的尺寸。使用时,将卷尺的一端固定在测量起点,拉伸卷尺至测量终点,读取卷尺上的刻度值,即可得到测量距离。测量时要确保卷尺保持水平或垂直,避免因卷尺倾斜而导致测量误差。

(二)水准仪

水准仪是一种用于测量地面高程和坡度的精密仪器,主要由望远镜、水准器和基座组成。其工作原理是利用水平视线来测定两点之间的高差,从而确定地面的高程和坡度。在景观设计中,水准仪常用于场地地形测量,以了解场地的起伏状况,为设计提供准确的地形数据。使用水准仪时,首先将水准仪安置在合适的位置,通过基座的调节使仪器保持水平;然后利用望远镜瞄准测量点上的水准尺,读取水准尺上的读数,根据不同测量点的读数差值计算出高差,进而确定地面的高程和坡度。

(三)经纬仪

经纬仪是一种能够精确测量水平角和垂直角的测量仪器,主要由照准部、水平度盘和基座组成。在景观设计中,经纬仪常用于确定建筑物、道路、桥梁等大型景观元素的方向和位置,以及测量地形的角度变化。使用经纬仪时,要将仪器安置在测量站点上,通过对中、整平操作使仪器中心与测量站点重合,并使水平度盘处于水平状态;然后利用照准部瞄准目标点,读取水平度盘和垂直度盘上的角度值,从而确定目标点的方向和角度。经纬仪的测量精度较高,操作相对复杂,需要经过专业培训才能熟练使用。

三、模型制作工具

（一）雕刻工具

1. 刻刀：刻刀是模型制作中最常用的雕刻工具之一，其刀片锋利，可用于切割、雕刻和修整各种模型材料，如木材、泡沫板、塑料板等。在制作景观模型时，刻刀可用于雕刻地形、建筑轮廓、植物形态等细节部分，使模型更加逼真。使用刻刀时，要注意持刀姿势和力度的控制，避免因用力过猛而损坏模型材料或造成意外伤害。

2. 砂纸：砂纸主要用于对模型表面进行打磨和抛光处理，使其表面光滑平整，消除雕刻或切割过程中留下的痕迹。不同目数的砂纸具有不同的粗细程度，粗砂纸（如 80-120 目）用于初步打磨，去除较大的瑕疵和不平整部分；细砂纸（如 400-1000 目）用于精细打磨和抛光，使模型表面达到光滑细腻的效果。使用砂纸时，要按照从粗到细的顺序进行打磨，同时注意打磨方向和力度的均匀性。

（二）切割工具

1. 美工刀：美工刀是一种轻便、灵活的切割工具，主要用于切割纸张、薄木板、塑料薄膜等较软的模型材料。其刀片可更换，使用方便。在景观模型制作中，美工刀常用于切割地形模板、建筑平面图纸以及各种小型景观元素的材料。使用美工刀时，要将材料固定好，刀片垂直于材料表面，缓慢均匀地切割，避免刀片偏离切割线。

2. 剪刀：剪刀主要用于裁剪纸张、布料、塑料片等轻薄材料，在制作景观模型的植物、小品等部件时经常用到。不同类型的剪刀适用于不同的材料和切割需求，如普通剪刀适用于一般纸张和布料的裁剪，而花边剪刀则可用于剪出具有装饰性边缘的材料。使用剪刀时，要根据材料的厚度和硬度选择合适的剪刀，并注意裁剪的精度和边缘的整齐度。

3. 电锯：电锯适用于切割较厚的木材、塑料板等硬质模型材料，能够快速、准确地完成切割任务。电锯的类型有多种，如台锯、圆锯、曲线锯等，每种电锯都有其特定的用途和操作方法。在使用电锯时，必须严格遵守安全操作规程，佩戴防护装备，确保操作安全。同时，要根据材料的性质和切割要求调整电锯的转速和切割深度。

（三）黏结工具

1. 胶水：胶水是模型制作中常用的黏结材料，种类繁多，不同类型的胶水适用于不同的模型材料。例如，白乳胶适用于黏结木材、纸张等多孔性材料；万能胶可黏结金属、塑料、木材等多种材料；502 胶水则具有固化速度快、黏结强度高的特点，常用于黏结小型部件和紧急修复。使用胶水时，要根据材料的特性选择合适的胶水，并注意胶水的涂抹量和涂抹方式，避免胶水溢出影响模型外观。

2.热熔胶枪：热熔胶枪通过加热使胶棒熔化，将熔化后的胶水涂抹在模型部件上进行黏结。热熔胶具有固化速度快、黏结强度高、操作方便等优点，常用于大型景观模型的制作和组装。使用热熔胶枪时，要先将胶枪预热，待胶水熔化后均匀地涂抹在需要黏结的部位，然后迅速将部件贴合固定，等待胶水冷却固化。

四、其他辅助工具

（一）比例尺

比例尺是景观设计图纸中表示实际尺寸与图纸尺寸比例关系的工具，它能够帮助设计师将现实中的景观元素按照一定比例缩小或放大绘制在图纸上。常见的比例尺形式有数字比例尺（如1∶100、1∶500等）和线段比例尺。数字比例尺表示图上距离与实际距离的比值，例如1∶100表示图上1厘米代表实际距离100厘米；线段比例尺则是在图纸上用线段表示一定的实际距离，通过线段的长度来直观地反映比例关系。在使用比例尺时，设计师首先要根据设计项目的规模和精度要求选择合适的比例尺，然后在绘制图纸时按照比例尺的规定进行尺寸换算和绘制，确保图纸上的景观元素大小和比例准确无误。

（二）指北针

指北针是在景观设计图纸上标注方向的工具，它能够帮助设计师确定景观的朝向和布局与周边环境的关系。指北针通常用一个带有箭头的符号表示，箭头指向北方。在绘制景观设计图纸时，指北针的方向应与实际地理方向一致，这样可以使读者清晰地了解设计方案在实际场地中的方位和朝向。指北针的标注位置一般在图纸的右上角或右下角，与图例等其他信息一起构成完整的图纸标识系统。

（三）色彩样本

色彩样本，如色卡等，是景观设计师选择和搭配景观色彩的重要参考工具。色卡上包含了丰富的颜色种类和色号，设计师可以根据设计项目的风格、主题和场地环境等因素，从色卡中挑选合适的颜色用于景观元素的设计，如植物的色彩搭配、建筑外立面的颜色选择、铺装材料的颜色确定等。色彩样本还可以帮助设计师准确地向施工人员传达设计意图，确保实际施工中的色彩效果与设计方案一致。在使用色彩样本时，设计师要充分考虑色彩的搭配原则和视觉效果，如互补色搭配可营造出鲜明的对比效果，而相近色搭配则能营造和谐、统一的氛围。

传统景观设计工具虽然在现代数字化设计手段的冲击下应用场景有所减少，但它们所蕴含的设计思维和手工技艺依然是景观设计学科的重要组成部分。熟练掌握这些传统工具的使用方法，不仅有助于设计师更深入地理解景观设计的原理和方法，还能在设计过程中发挥独特的创造力，为景观设计注入更多的人文情感和艺术魅力。同时，传统工具与现代数字化工具的有机结合，将为景观设计带来更加广阔的发展空间。

第二节　信息化时代的电脑设计

电脑设计的发展历经三个阶段：早期为单一软件独立使用，中期衍生出专业领域软件，现阶段已形成多软件协同工作体系。出图品类从单一静态图纸，发展为智能化虚拟空间与动态视频文件，这一过程统称为数字化制图。常用软件包括CAD、3ds Max、SketchUp、Photoshop及各类辅助插件等。

一、工程制图工具——AutoCAD

AutoCAD作为计算机辅助设计（CAD）领域的核心软件，在景观设计全流程中发挥关键作用。其功能涵盖：读取与绘制原始CAD底图、方案深化设计、施工图制作等核心环节。该软件可精准完成图形设计、尺寸标注、材料说明，并自动计算工程量。在建设行业中，可与天正建筑、鸿业市政、常青藤园林等专业软件协同使用。

在园林景观项目中，AutoCAD的三维建模与二维制图功能可直观呈现设计理念，通过参数化设计实现施工图深化。其快速修改与方案迭代能力显著提升设计灵活性，结构化的设计成果支持批量打印与装订。此外，标准化的CAD图纸可清晰传达设计意图，有效避免施工误解，保障项目质量与进度。

CAD图形绘制包含线条绘制与数据标注两大模块。

（1）线条绘制：支持直线、曲线、圆弧等基础线形，以及矩形、圆形、多边形等几何图形构建。编辑修改功能（移动、旋转、缩放、复制、删除、修剪、延伸）是操作难点。

（2）数据标注：涵盖尺寸标注（线性、角度、半径等）与文字说明，结合材料工艺信息确保设计准确性。

进阶应用时需要注重图层管理，通过分层控制不同类型图形元素，提升修改与显示效率。其精确算量功能可辅助材料成本控制与资源优化。结合天正建筑、常青藤插件，可开展场地总体规划、道路／水电／结构设计、苗木种植、铺装设计等专项工作，为施工放线、系统安装、绿化种植及造价预决算提供数据支撑。

二、方案构思

SketchUp（又称草图大师）与 3ds Max 等专业软件一样，在三维建模领域具备直观呈现建筑全貌的能力。其在方案构思与尺寸推敲阶段展现出强大优势，是景观设计中最常用的建模工具之一。该软件凭借直观的建模方式与丰富的插件生态（如配套渲染器 Enscape），为设计师提供高效的三维表达手段。

SketchUp 的核心优势在于区别于传统 3ds Max 的极简操作流程：初学者可快速掌握建模逻辑，通过简单的图形绘制生成 3D 几何体，不需要复杂操作即可实现创意转化。其标志性的推拉功能支持设计师通过二维图形快速生成三维形体，配合实时缩放与旋转操作，使设计理念的可视化过程更加流畅。

内置的组件库与材质库进一步提升设计效率：组件库涵盖门、窗、家具、柱等标准化元素，材质库包含建筑表皮纹理所需的各类质感。这些资源不仅节省素材搜索时间，还为设计方案提供多样化的表现可能。

SketchUp 与 Enscape 的深度集成革新了景观设计流程：实时渲染功能支持设计师即时预览模型在不同材质与光照条件下的效果，显著提高方案的准确性。以某大型商业景观项目为例：SketchUp 构建精确模型，Enscape 赋予逼真材质与动态光影，客户通过 VR 技术不仅能直观把握整体布局，还可观察喷泉水花、座椅质感等细节，最终对设计方案达成高度共识。

三、效果表现

Lumion 是一款实时 3D 可视化工具，常用于效果图和动画制作，目前最新版本为 Lumion 12.0。它能快速生成高质量的图像和动画，其出色的渲染引擎让设计师可在短时间内收获令人惊艳的视觉效果。这极大提高了工作效率，助力设计师更迅速地将设计理念转化为直观的视觉呈现。Lumion 的光影效果和天气模拟表现十分出色，通过精确的光线追踪和物理模拟，可模拟出真实世界中各种复杂的光影变化，如阳光的散射、阴影的柔和过渡等；同时，还能模拟多种天气状况，像晴天、阴天、雨天、雪天等，为景观设计增添了浓厚的真实感和氛围感。

Lumion 具备丰富的园林元素模型，涵盖各类植物、地形、水体等。这些模型不仅种类繁多，而且质量优良，能满足不同风格和类型的园林设计需求。值得一提的是，Lumion 的模型库具有可拓展性，用户可根据自身需求，轻松添加新的模型，例如特定的植物品种、独特的建筑构件等，进一步丰富了设计的可能性。

此外，Lumion 对计算机硬件的要求相对较低，这使更多设计师能够在自己的设备上流畅运行该软件，不必为使用它而频繁升级硬件。实时编辑和预览功能是 Lumion 的又一大亮点。设计师操作时，能够实时看到效果的变化，随时进行调整和优化，不需要长时间等待渲染过程，极大地提升了设计的灵活性和效率。

四、效果修图工具

Photoshop 广泛应用于多个行业，在景观设计领域，它可用于绘制彩色总平面图、分析图、剖面图以及进行效果图处理等工作。下面介绍景观设计中常用的 Photoshop 工具。

（1）魔术棒工具：在景观设计里，魔术棒工具常用于快速选中颜色相近的区域。比如在去除背景时，设计师通过合理调整容差值，就能轻松选定背景并将其删除，从而为后续设计工作打造清晰的图像基础。操作时，务必留意勾选工具栏中的相关选项，以此实现理想的选择效果。

（2）套索工具：套索工具包含多边形套索和磁性套索，适用于选取不规则形状。在景观设计中，能够用来选取特定的景观元素，像独特形状的树木或建筑等。使用多边形套索时，通过依次点击形成多边形顶点来确定选区范围；磁性套索则会自动吸附图像边缘，提升选取的精准度。

（3）渐变工具：渐变工具可为景观设计增添丰富多样的色彩过渡效果，可用于制作天空的渐变色、模拟水体的光影变化等。通过设置不同的渐变类型，如线性渐变、径向渐变等，并搭配相应颜色，能够营造出自然且逼真的视觉效果。

（4）图层工具：图层工具是 Photoshop 极为重要的功能。在景观设计中，可将不同元素分别放置在不同图层上，这样便于单独编辑和调整。例如，把植物、建筑、道路等各自置于不同图层，修改时就不会对其他元素造成影响。同时，还能通过调整图层的透明度、混合模式等，实现复杂的叠加效果。

在景观平面图的处理过程中：

（1）输出格式优化：我们通常用 AutoCAD 绘制平面图，随后将其导入 Photoshop 开展后续处理。为获得最佳效果，输出格式的选择意义重大。若选择 TIF 格式，在转换过程中需要注意隐藏某些图层，以便后续在 Photoshop 中进行选区操作。而采用 EPS 透明格式输出，可在 Photoshop 中便捷地设置分辨率等参数。

（2）去除背景：去除背景是平面图处理的关键步骤。无论选用哪种输出格式，都要先备份图层，防止操作失误。对于 TIF 格式，可借助魔术棒工具或选择色彩范围选项来去除背景，但要注意取消勾选"连续"选项。此外，利用序列组存放不同图层能有效解决多图层带来的问题。

（3）添加效果：以添加植物图例效果为例，通常采用多次"复制"和"粘贴"的方法，不过要留意图层合并操作以及阴影方向的一致性，这对设计师的细心程度要求颇高。

在景观效果图的制作方面，Photoshop 能呈现多种风格。

（1）写实风格：写实风格着重展现真实的光影和细节，通过精准的色彩调整、材质表现以及光影处理，来呈现景观的真实感。

（2）插画风格：插画风格强调线条和色彩的艺术表达，运用独特的笔触和色彩搭配，营造出充满想象力的景观场景。

（3）拼贴风格：拼贴风格通过组合不同的素材和元素，创造出别具一格的视觉效果，常用于表现富有创意的景观概念。

五、文本编辑工具

InDesign 主要用于排版工作。在景观设计领域，它可用于文本排版以及绘制简单分析图。该软件能够将文档导出为多种格式，并且可与 Photoshop 协同使用，实现关联文件的自动更新，拥有一系列突出的功能与特点。其主要功能包括以下几点。

（1）强大的页面布局能力：能够精准地安排文本、图像和图形元素，以达成美观且专业的设计效果。

（2）灵活的文字处理功能：支持多种字体样式、字号和行距的设置，方便设计师依据设计需求灵活调整文字呈现形式。

（3）出色的色彩管理功能：能确保颜色在不同输出设备上保持一致性，这对景观设计中色彩的准确表达极为关键。

（4）丰富的图形处理工具：支持对矢量图和位图进行编辑与调整。

InDesign 与 Photoshop 的结合能产生更出色的效果。Photoshop 强大的图像处理能力可以为 InDesign 的排版提供高质量的图片素材。例如，通过 Photoshop 对景观照片进行调色、修饰，使其色彩更为鲜艳、细节更加清晰，随后将处理后的图片导入 InDesign 中，可增强整个设计作品的视觉吸引力。利用 Photoshop 制作的特效图片，如光影效果、模糊效果等，与 InDesign 的文字排版相结合，能够营造出独特的氛围与风格。比如在宣传册的封面设计中，运用 Photoshop 打造出梦幻的夜景效果，再在 InDesign 中添加相关的文字介绍，能迅速吸引读者的目光。

在实际操作时，将 Photoshop 中处理好的图片保存为适合 InDesign 的格式，如 PSD 或 JPEG 等，接着在 InDesign 中通过"置入"功能将其导入。同时，还可在 InDesign 中对置入的图片进行大小、位置和透明度等方面的调整，以实现最佳的排版效果。

六、其他要求

（一）图纸编排的要求

准确绘制底稿，线条宜轻不宜重，建议使用 H 或 2H 铅笔。线条绘制应由浅到深。使用墨线工具绘制线条时，应先绘制细线，后绘制粗线，以此确保不影响作图进度。绘图顺序遵循先曲后直、由上到下、由左到右的原则。比例标注在图名的右方，字号应比图名字号小一号或两号。在图名下画一条横线，横线与图名文字的间隔不宜大于1mm，横线长度以图名文字长度为准，切勿随意延长，例如"平面图 1∶100"。同时，图纸封面应包含设计说明、指北针、图标、出图单位、出图时间等齐全信息。

（二）图纸深度的要求

园林设计图应能充分展现园林设计的内容与意图，主要涵盖总体平面图和主题详图。在总体平面图上，需要准确反映地形、建筑、道路的具体位置，各专业总体平面图的底图应保持一致，以避免出现不必要的矛盾。例如，绿化种植图需明确各种树木的种植位置，确保不与现状构筑物和地下设施发生重叠。绘制时，在图纸上用"黑点"表示树木位置，不同大小的黑点用以表示树干的粗细（图 4-1）。

图 4-1　树干和树冠的绘制示意图

（三）预期空间关系的要求

园林景观工程不同于建筑空间设计，由于生态环境的持续建设以及绿化种植的生长特性，需要预留一定的预期空间。例如，在绿化设计过程中，要充分考虑植物的生长周期，分别绘制出不同树种的树冠线，用圆圈表示树冠的形状与大小。此外，平面符号应明确区分乔木、灌木（包括常绿、落叶等品种）、草地和花卉。常绿树种通常用墨绿色的圆形针叶类图标表示，落叶类乔木常用较为宽松多变的图标表示，开花类和色叶类灌木植物，则常用艳丽的图标表示，这些具有装饰效果的苗木图标是彩色平面图中常用的绘制图例。

景观植物设计一般由园林专业工程师负责完成，景观设计师在进行空间构思时，也需要重点考虑乔灌木的组合层次，以及树冠线的虚实关系。同时，在绘制 CAD 工程图纸时，绿化种植设计图纸应分为上、中、下三个层次，以便清晰表达植物群落的层次设计，并标注树种名称及数量。对于相同树种，可用细线连接，还应明确株行距和定点放线的方格网，这为准确施工提供了精准依据。最后，还要制作苗木统计表，表中应列出树种、数量、规格以及苗木来源等信息（如图 4-2）。

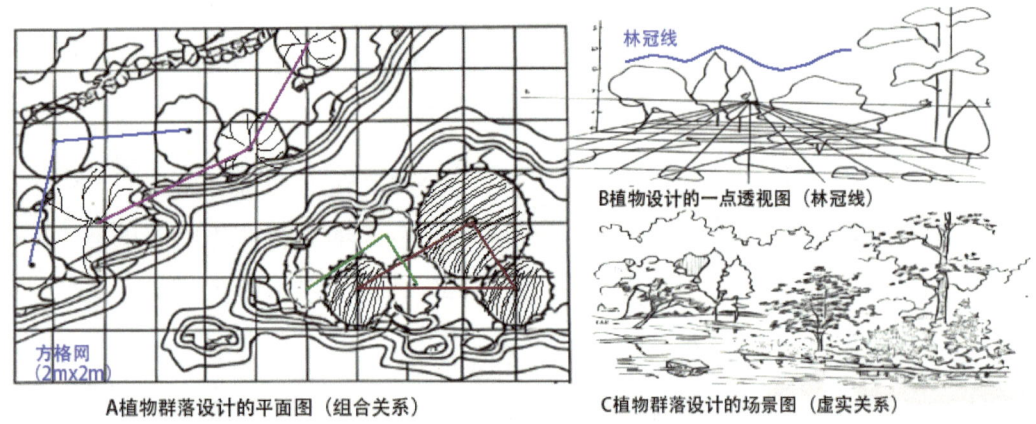

图4-2　平面设计与植物场景表现

（四）图形表达的完整性要求

在运用计算机软件进行设计时，需秉持"严谨"的工作态度，以精益求精的精神对待设计中的关联性问题。绘制总平图时，应明确严格的设计范围。进行单体设计和专项设计时，要注重专业技术类别的条理性，并完成方案展示的整体排版。例如，对于一些空白区域，要确保绘制内容的完整性以及设计空间范围的闭合关系，否则计算机软件在面积计算、图块填充、材质敷贴、灯光投射等方面可能会出现错误，进而影响整体效果。

第三节　设计表达方法

景观概念设计是景观生态学的一种表达应用。它将景观图形概括为符号化语言，科学准确地表达出空间形式、场所结构等体系。其设计应用的表达特征在于关注景观元素的形状、大小、比例、组合方式，以及它们在空间中的分布与相互关系。概念设计的宗旨是揭示景观的内在规律与形成机制，助力我们理解景观的演化过程及发展趋势。清晰的概念表达需要基于对自然环境和场地条件的系统分析，以及对景观设计功能形态的深入研究，这对推进景观设计方案的交流与实施具有重要的价值传递作用。

一、符号化内涵和应用

景观概念表达需要借助一些符号化的设计语言来分析主题概念以及功能构思在应用中的问题。在进行概念设计时，既要组织好功能分区的空间关系，又要做好区域性与节点性的表达。因此，点、线、面等元素的组合应用，构成了景观表现的初始语言（如图4-3）。

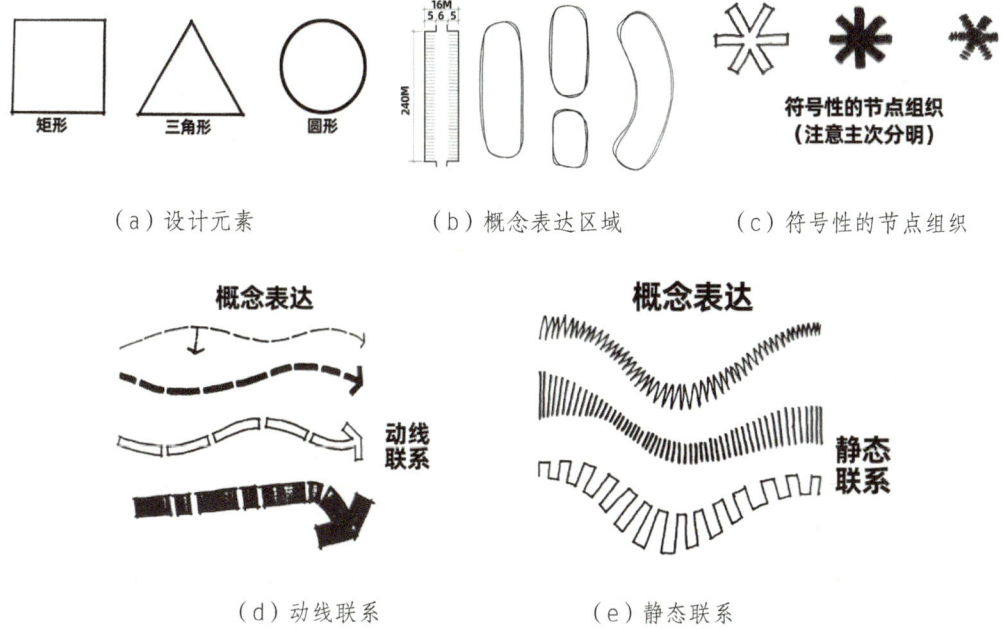

图4-3 景观设计中常用的符号

二、设计表达方法

（一）总图设计表现方法

在某地滨水景观设计方案中，完成总平面设计图（图4-4）后，需要对场地功能分区（图4-5）与交通组织（图4-6）进行直观化表达。针对复杂项目，还要开展景观视线、蓝绿系统、主次结构等专项分析。这些符号化的设计语言是整套设计方案文本的核心表达方式。

图4-4 总平面设计图

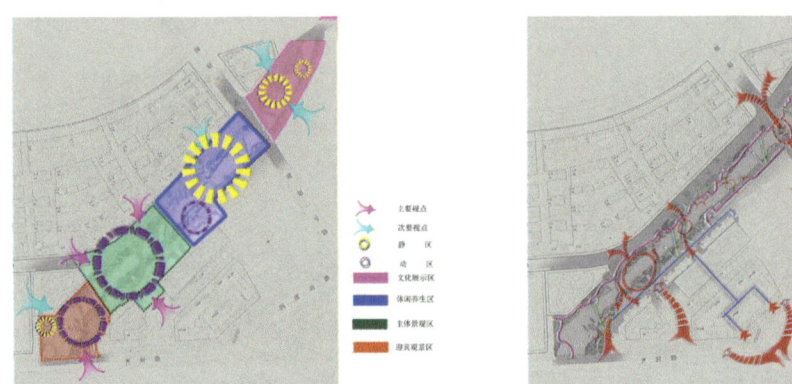

图4-5 场地功能分区设计图　　　　图4-6 交通组织设计图

（二）总图分析表现

针对景观设计中的某些复合空间，常需进行主题功能与景观设施的叠加布局。如何科学合理地表现这些复合场所的空间类型？在总体规划设计时，总平面图形设计表达可运用"千层饼模式"（如图4-7）体现生态规划方法。从理论层面看，这种分层分析法属于子项数据的专业设计方法。例如，将建筑规划布局与植物种植区分开，以避免用地冲突。同时，对植物种区中的乔灌木与地被类植物进行二次分层设计，可更清晰地表现植物配置的层次与具体布局。

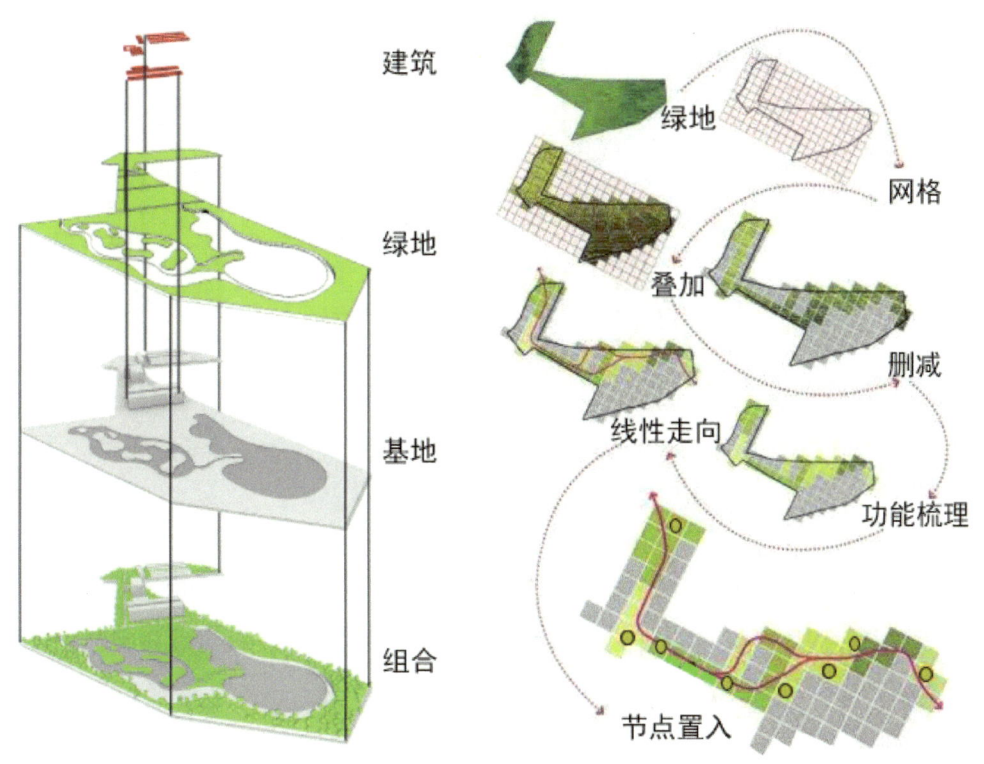

图4-7 千层饼模式的设计表达

分层表达的核心价值在于解决平均值失效的模糊性问题。因此，千层饼分层设计原理需将复杂场地数据归类为对应图形层次，同时保持基地底图的统一性，以便从整体分类体系中分析专业子项，进而实现设计数据的重组优化。

三、平面图的构思设计

从宏观规划到场地详细设计，可借助符号化几何图形（如不规则多边形、规则几何图形等）组织场地空间的创新设计。这些构思通常以矩形、圆形、直线、曲线等平面图形为基本元素，通过形体组合的系列变换完成空间布局的创新设计。

（一）多边形的构图设计

在平面构思中，多边形场地的空间布局应保持饱满形态的活动区间（图4-8），应避免转折或衔接部位出现锐角（图4-9）。其原因在于锐角区域既不利于绿化种植的根系发育，同时也会限制场地的活动空间，造成视觉上的压抑感与局促感。

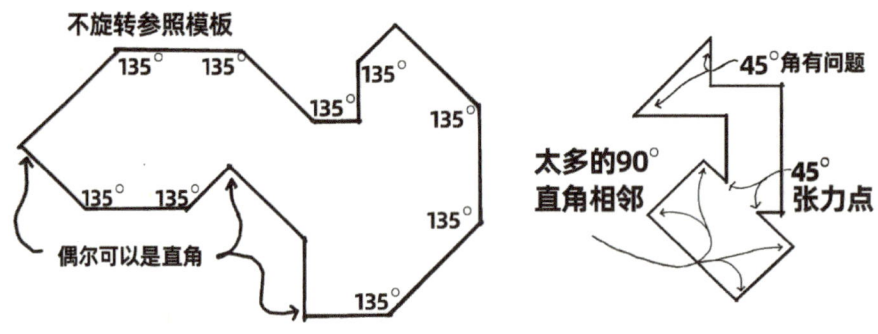

图4-8 好的构图组织　　　　　　图4-9 错误设计图

（二）六边形应用法

六边形是景观场地设计中使用频率较高的空间形式，其构图均衡、空间饱满且组合灵活。可根据场地空间关系，选取大小组合的形式，结合空间变化规律体现主导性与序列感，从而实现场地主题表达（图4-10）。

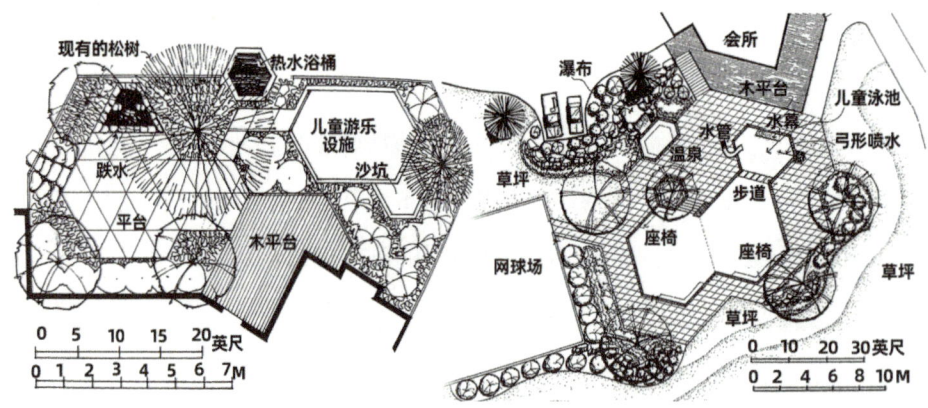

图4-10 场地设计的主题表现

（三）圆形或弧形元素的构思

通过圆的大小变化与取舍，可形成场地与绿地的空间互补。在组织空间设计时，需要控制叠合取舍的距离，确保缓冲空间与连接部位具备稳固的相交点或缓冲区（图4-11）。同时避免接触点过小或离缓冲区过近的情况（图4-12），防止形成过细或过小的工程难点。

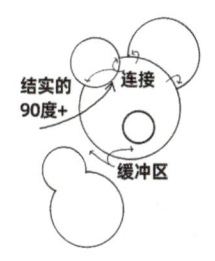 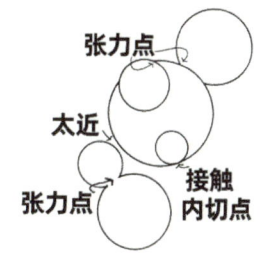

图4-11 较好的圆形构思　　图4-12 欠佳的圆形构思

独立圆形与偏心圆作为主题创作的重要元素，常作为景观创新的核心构思形式，广泛应用于中心喷泉、主题花坛、道路交叉点等节点设计。场地造型的圆形构思具有边界圆润、空间饱满、独立性与融合性兼具的特点，易被大众接受。从构图形式上，可分为离心布置、偏心布置、同心布置三种类型，还可通过组合设计（如座墙＋构筑物＋场地）形成更灵活的表现形式（图4-13）。

图4-13 在图中最协调的空间形体是圆柱体和球体

（四）中心点的组织

通过同心圆的取舍变化，结合场地功能与空间布局，可塑造特殊场所空间（图4-14）。利用放射性构图规律，将圆形空间造型按放射方向有序排列，亦能创造独特场所体验（图4-15）。

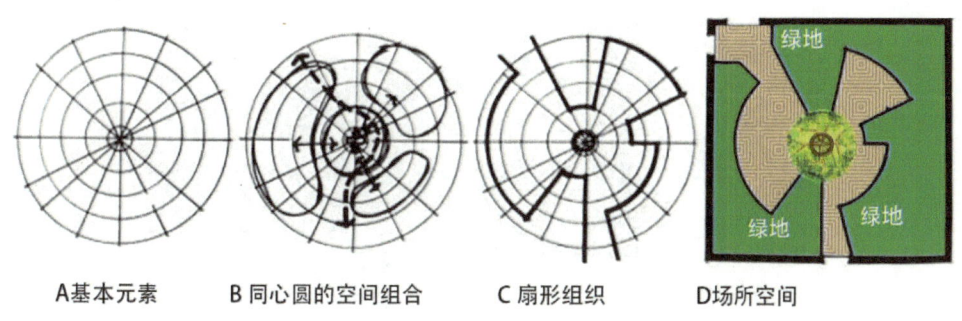

A 基本元素　　B 同心圆的空间组合　　C 扇形组织　　D 场所空间

图4-14 同心圆式的取舍设计

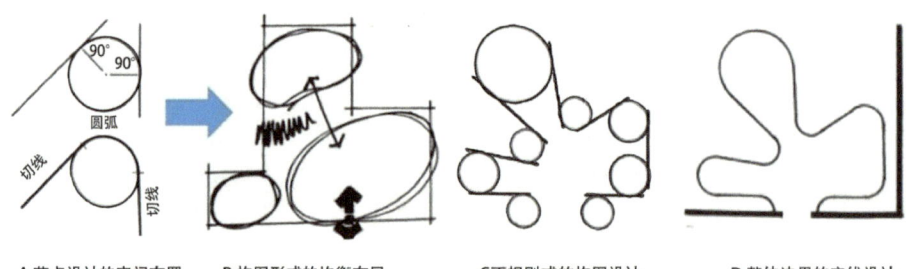

图4-15 不规则式的构图设计

（五）椭圆构思

椭圆是场地构思的重要因素，尤其适用于非正方形空间。通过大小变化与不同组合，可实现富有活力的空间塑造。例如，某场地采用椭圆组合设计（图4-16），将活动区、花坛、座椅等设施统一纳入椭圆元素，既保证视觉统一性又体现形态变化。

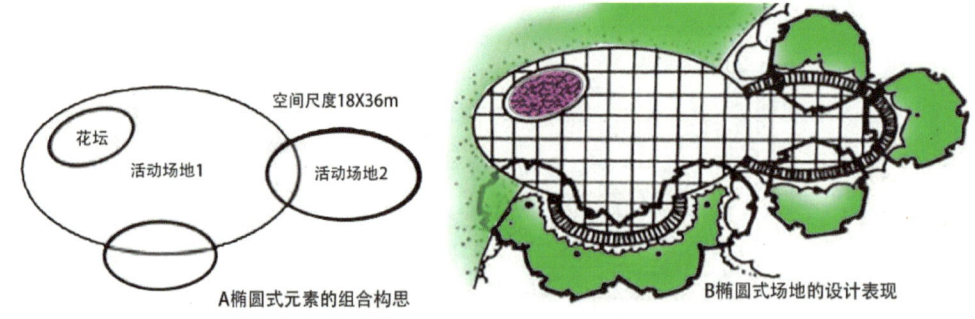

图4-16 椭圆形式的构图设计

（六）切线构思

切线具有强烈导向性，与圆弧段结合可优化异形空间形态。例如，某场地通过正半圆与切线的内切—外切组合（图4-17），将生硬的边界线转化为流畅的曲线过渡，增强空间韵律感。

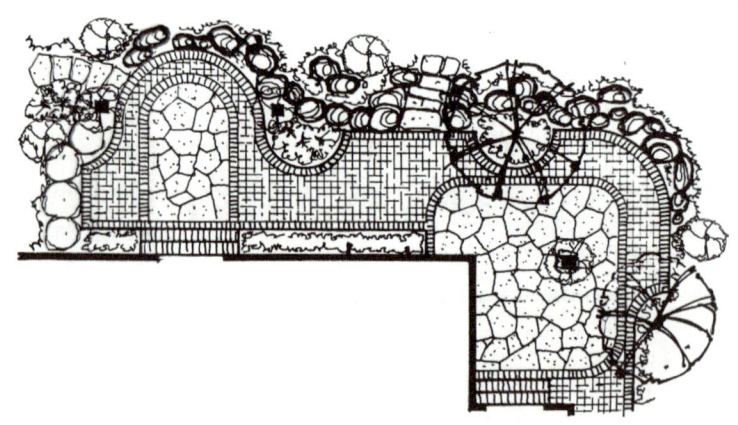

图4-17 切线组合的应用场所

（七）其他组合构思

切线与扇形的组合设计，可形成强烈的空间分割效果。结合空间聚散规律，能创造独特的空间形态。例如，某场地通过四组扇形的有序渐变（图 4-18），构成螺旋式空间组合。既产生序列变化与空间错位感，又形成动态平衡的空间关系。

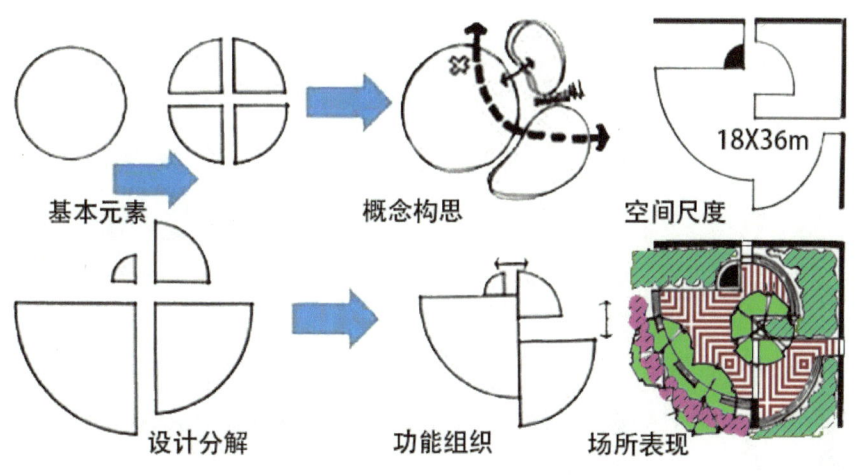

图4-18　从基本元素到场所表现（单体扇形）

【实训环节】

训练任务：安排学生开展简单的手绘练习，比如运用针管笔勾勒景观小品的轮廓，再用马克笔上色。

训练目的：通过本次训练，让学生掌握本课程相关技能。

训练步骤：

(1) 学生单人成组。

(2) 选用传统绘图工具或电脑绘图工具进行操作。

(3) 进行展示与讲解。

【问题练习】

1. 在景观设计项目里，怎样依据项目的规模和性质，挑选恰当的绘图工具与方式？

2. 探讨在预算有限、时间紧迫的条件下，如何优化绘图工具和方式的选择，以实现最佳的设计展示效果？

第五章 现代景观设计方法

第一节 走向成熟之路

一、学习方法

今天的城乡生活已超越传统定点模式,祖辈足不出山村的时代已一去不复返。信息时代的冲击,正持续重塑家庭单元的生活方式。作为与每个家庭关系最密切的景观单元,城乡生活的时代变迁要求在生态开发的整体性和多元化需求中,更注重整体与局部的依存关系。建筑本身的舒适度探索,核心在于构建健康型生态空间。

然而,现代城市扩张的集约化发展局存在限性,常表现为物质流、信息流的不均衡状态,形成城市空间的负熵流。面对景观设计界的"文化危机"与"理论危机",扭转文化盲从与设计自卑,是行业走向成熟的重要目标。20世纪90年代后期,西方现代景观设计作品与设计师大量涌入中国,虽快速开阔了本土设计师的视野,但因缺乏项目建设经验,盲目西化现象普遍存在。如何科学消化并正确评价设计师及其作品背后的设计思想,成为解决符号化借鉴或片面理解创意概念等问题的关键。

长期以来,景观教育基本以形式美为主体的视觉设计为主导,这种功能偏离的导向聚焦于"器"的单一应用,忽视了对设计思想与理论等"道"的开拓。因此,人居单元的生态规划研究不再局限于被动的自然演化,人工环境的生态修复也不再是景观尺度上的孤立行为。共筑人类命运共同体,既是全球化的宏观命题,更是景观生活的微观实践。

当代景观设计的理念,已超越传统美学范畴,涉及人造环境中的汇碳、储氧、节能等跨学科内容。正确理解景观设计的宗旨,需要从其解决动态发展问题的过程中,挖掘背后的设计理论与方法,并逐步应用于中国本土实践,这是促进我国景观设计发展的重要途径。探讨现代景观设计思想,必须将西方之"器"与中国之"道"置于平等地位,以景观哲学引领未来生活走向成熟。

二、学习意义

长期以来摊大饼式的城市发展,对生态环境造成了严重破坏。那么,如何设计好的人居环境呢?在集约化建设中,从注重数量转向追求质量已成为景观设计的新要求,这也迫使设计师与时俱进探索新方法。我们应重视景观设计思潮的研究,不断提升自身的设计理论与实践能力——这些研究对景观设计师专业素养的提升具有重要意义。通过学习和研究设计思潮,不仅能掌握先进的设计理论与方法,还能丰富我国的景观设计理论体系,推动现代景观设计发展,并促进景观设计理论与教育的进步。

设计师虽是形成设计思潮的主体,但并非所有人都是设计大师。设计思潮往往由少部分前卫者引导,他们具有敏锐的批判意识和思辨能力,能够发现新问题并树立自己的设计思想、理论与方法,进而通过设计实践引导行业潮流。需要强调的是,仅有思想而无作品的只能是理论家,而设计大师必须通过作品来传达其理论与方法。

景观设计具有显著的时代性和前瞻性,也是培养学生科学探索未来生活的重要窗口。随着生态时代的到来,城市病的"生态问诊"已成为长期课题。从"零碳城市""绿色屋顶""湿地净化"等生态理论,到"绿色建筑""公交优先""节能环保"等技术实践,高标准的景观技术应用体系也日趋成熟。例如,20世纪50年代德国埃姆舍河(Emscher)流域的十年蓝天计划、诺丁汉大学朱比丽校区建筑与环境的"E"字形设计,以及2020年马来西亚推行的60%城市花园运动等。因此,后工业时代的城乡建设已选择集约式景观设计模式,这是探索人与自然和谐共生的基本路径。

总之,通过对著名景观设计师设计思想及其作品的研究,既能发现行业共性,也能把握设计个性,进而精准定位设计前沿。这正是研究景观设计思想与流派的重要基础。

三、学习要求

为了解各设计流派的发展历程,掌握其设计思想和方法是奠定基础的重要环节。从学习内容来看,这既涵盖本学科的基本原理、景观历史、艺术理论、景观规划与设计、景观工程技术、设计表现等专业知识,也涉及探索景观领域的当代挑战以及有待解决的问题,例如景观设计思想的演进和景观设计的创新方法等。

在学习方法上,可采用全过程跟踪法,去研习某些优秀案例的前期设计,并持续追踪后期建设的发展变化。这种前后对比的方式,是纵深学习的有效途径。它既可以克服盲从心理,又能改变"重器轻道"的不利状况。然而,培养从业者尤其是学生阶段的创新应用能力,通常难以拥有这样完整的实践周期。

从学习目标而言，首先是培养创造型的景观设计人才，要着重培养他们发现问题的能力，常见方式是借助某些项目影像资料，或者到现场采集照片。初学者应注重多考察、多积累，从点滴开始，广泛收集相关专业资料，包括笔记、卡片、速写、手稿、图片、专业书籍、画册、实物、光盘、磁带等，以此构建充实丰富的专业资料信息库，这是初级阶段的基本学习方式。其次，要提升项目研究和理论批评的能力，并结合自身的设计方法与技巧，逐步构建起自己的设计思想。最后是建立跨学科联系。景观设计课程鼓励学生将多学科全方位地联系起来，需要融合园林史、艺术史、建筑史、文化史、科学技术史等内容，从而构建整体设计观念。同时，为全面获取国内外的设计信息和发展动态，还需要培养一定的外语能力和文献检索能力，这是拓宽视野的关键要求。

总之，这三个层级的学习途径，能够助力我们建立系统的学习框架。最后，还要积极参观国内外的赛事和展览，在实践磨炼中走向成熟。

四、学习方向

新时代景观设计的范畴，不仅包括植物材料的配置，还涵盖自然因素、人为因素、文化因素，以及智慧城市提出的新要求等。这种针对社会有机体的研究方式，并非对"生物体"的简单模拟，而是从景观特征、生态换位、空间演化等方面，去探究共生景观所经历的社会变迁。

针对"二元"社会结构下的人居形态，冯淑华指出，分析村落空间应从居住功能、审美环境、生态维度这三个方面展开，这是对乡村景观设计维度的高度概括。从城市建设的角度而言，城乡融合发展是必然趋势。在分析人居未来的综合评价时，智慧城市评估给出了四大阶段和五大目标的要求，这是对物理环境和精神环境的高度概括。其构建内容还包括规划环境、内环境、配套环境三个大类，以及现状要素、规划要素、空气环境、水环境、景观绿化环境、卫生环境、交通环境、技术环境、基础配套、文化教育等10项小类。共建层级由基础设施、技术支撑、智慧应用构成，高度信息化与全面网络化的叠加递增，是推动健康生活的物质基础，有助于逐步形成安全、宜居、绿色的智慧生活模式。

五、实践应用

实践出真知，这是景观设计师成长的最佳路径。当前，设计师作为设计思潮的主体，其作品反映着时代要求与走在时代前沿的设计理念。然而，对于初学者来说，学习景观概念的总体要求，是先了解设计思潮的发展历程，以及主要设计师的思想与作品。只有初步掌握这些理论成果，才能更好地进行设计思考。

在学习景观设计思潮的过程中，不仅要研究已有的经典作品，还要挖掘潜在的优秀作品，并通过描述、分析、阐释、比较、评价、论证等项目实践与评价流程，来获取理论应用的最佳体验。例如，借助某些案例的前后对比，或参与对某些设计流派的考察等评估活动，以此在实践中实现应用能力的提升。

设计大师的作品未必全是优秀之作，普通设计师的作品也未必都很普通；过去普通的作品，现在不一定普通，现在看似普通的设计作品，也未必永远普通。在研究景观设计论著时，应以成功设计师、理论家、思想家的论著为主，他们拥有较为成熟的理论体系。同时，也可关注走在设计前沿的时代新秀，这类引领潮流的创新群体，有助于为构建设计新思潮奠定重要基础。

第二节　现代设计理念

一、基本概念

为营造园林景观的特定文化氛围，景观营造的设计构思应与受众群体的需求相契合，所运用的空间布局和功能结构可成为解决现有问题的创新导向，这种创新性的设计思想被称为景观设计理念。

景观设计理念是人类在改造世界的活动过程中，受生存状态、科学技术、社会文化和经济水平等要素制约，用于处理相应问题的具体方法。同时，由于不同历史时期审美价值取向存在差异，最终形成的设计共同体呈现出多元化的特点。

学习这些景观设计理念，并非单纯地模仿某些设计流派，而应把握项目发展的适用性、工程建设的实验性，以及具有不可替代的可行性。

二、思想来源

景观设计理念源于设计思想流派，这些设计概念体现了不同地域、文化和时代背景下人们对景观审美的主要追求。研究设计流派的理念特征（表5-1），不仅丰富了景观设计的表现手法，拓展了审美追求的范畴，也为现代园林建设提供了宝贵的灵感与启示。

表5-1 现代景观设计流派

序号	流派	核心理念	设计方法	代表人物	作品
1	现代主义	强调空间的利用和功能分区,追求简洁性、功能性和理性。	运用锯齿线、钢琴线等现代主义元素,注重几何图形和对称布局。	托马斯·丘奇	唐纳花园
2	后现代主义	强调历史文化和地域特色,反对简洁和功能性至上的设计理念。	注重空间的隐喻和象征意义,追求景观元素的多样性和复杂性,常运用混搭、拼贴等手法。	阿兰·普罗沃斯特、乔治·哈格里夫斯、查尔斯·詹克斯	巴黎雪铁龙公园
3	解构主义	强调个性自由,反对既定规律和传统园林的空间规划。	运用裂解、悬浮等手法打破传统,创造新的空间体验和功能布局。	伯纳德·屈米	拉维莱特公园
4	生态主义	追求自然生态系统的平衡和稳定。	如可再生能源和雨水收集,注重环保技术的应用。	伊恩·麦克哈格、乔治·哈格里夫斯	中山岐江公园
5	极简主义	以简洁的设计语言和控制的设计元素来创造现代景观。	追求形式的纯粹抽象和简洁有序的空间感受。	彼得·沃克	哈佛大学唐纳喷泉
6	大地艺术	以大自然为背景,通过改变地表形态来创作具有巨大尺度的艺术景观。	具有强烈的神秘感、象征性和视觉冲击力。	罗伯特·史密森	螺旋形防波堤
7	结构主义	倡导理解事物的整体性和各组成部分之间的复杂关系。	巧妙结合了古典主义和现代主义。	丹·凯利	米勒花园
8	超现实主义	追求梦幻和奇异的空间感受。	运用卵形、肾形等超现实主义元素来创造独特的景观空间。	托马斯·丘奇	—
8	超现实主义	将人体结构转化为壮观的超现实主义景观。	借鉴超现实主义的元素和手法,创造出独特而富有想象力的作品。	安吉洛·穆斯克	深渊、韧皮部、树皮、蜂巢
9	人文主义	强调人的需求和文化价值在景观设计中的重要性。	注重地域特色和文化传承,创造与人和谐共生的园林空间。	—	—
10	自然主义	注重模仿自然,追求景观与自然环境的和谐统一。	大量使用本土植物,营造接近自然的植物群落结构。	—	—
11	地方主义	强调景观设计应尊重并体现地方特色和文化传统。	通过挖掘和提炼地方元素来创造具有独特地方特色的景观空间。	—	—

同时,景观设计师学习这些设计原理后,能够灵活运用各流派的设计手法,创作出符合人居需求和时代特色的优秀景观作品。需要注意的是,上述流派并非孤立存在,它们相互影响、相互融合,共同推动景观设计领域的发展与创新。在实践过程中,设计师可依据具体项目的需求和特点,灵活选用不同流派的手法与元素,打造出契合时代要求和人们审美需求的优秀景观作品。

综上所述,了解景观设计理念的思想根源,对培养设计师的创新能力意义重大。同时,景观设计理念的创新应用领域极为广泛,在了解设计流派及其发展脉络的基础上，初学者可通过积极参与现代设计的主流活动，借鉴国内外知名学者的研究成果和前沿作品，持续掌握先进的设计理论与方法。

在现代景观设计的发展进程中，我们应重视景观设计理念的学习，持续提升自身的设计理论水平和实践能力。此外，仅有思想而无作品者只能被称为理论家，设计大师则必须通过设计作品来传达自身的理论与方法。

总之，通过对著名景观设计师设计思想及其作品的研究，我们既能发现共性，又能把握个性，进而精准把握景观设计前沿。这是研究景观设计思想和流派的重要基础。

第三节　现代设计原则

一、基本概念

面对当代环境危机这一全球化问题，现代景观设计正站在时代前沿，探索如何构建人类命运共同体的崭新未来。学习现代设计原则，既要结合我国优秀园林作品，又要紧跟社会发展的时代变迁步伐。在实践过程中运用设计原则时，更应注重提升自身素养。如此一来，既可以克服盲从心理，又有利于推动现代景观理念的发展。

二、常规原则

从古典园林到新中式风格，景观设计推动城乡建设质量大幅度提高。然而，如何构建舒适、安全、健康、文明的城乡生活，现代景观项目还应遵循如下设计原则（表5-2）。

表5-2　现代景观设计总体原则

序号	设计方法	总体要求	总体原则
1	立意集中	设计构思突出	功能性原则
2	整体排版	图面艺术化	美学原则
3	图别类型	全面的景点命名	可行性原则
4	标注说明	引线、标号、植物表（仿宋字体）	经济原则

(一)功能性原则

1. 生态功能

环境是人类赖以生存和发展的基础,园林景观的生态功能主要体现在对环境的保护与改善方面。20世纪60年代,为保护人类赖以生存的环境,西方国家提出了"景观生态"的观点。该观点认为,城市建设的景观由所处地段上的自然生态群落和人工环境构成。人们生活的地形地貌、物产物候、生态群落,均是生态景观系统的组成部分。城市环境中的一切风景、建筑、环境设施,都要考虑影响风景变化的各种生态因素与环境因素。园林景观设计应将自然生态与人类活动有机结合,例如韧性城市、海绵城市、绿色建筑等理念,进一步强化了生态功能。对比传统城市,智慧城市的新变化(图5-1)体现了"顺应自然""天人合一"的现代生态意识。因此,在城乡设计中积极引入自然景观要素,不仅对维持城市生态平衡、推动城市可持续发展具有重要意义,还能凭借其自然的柔性特征"软化"城市的硬体空间,为城市景观注入生机与活力。

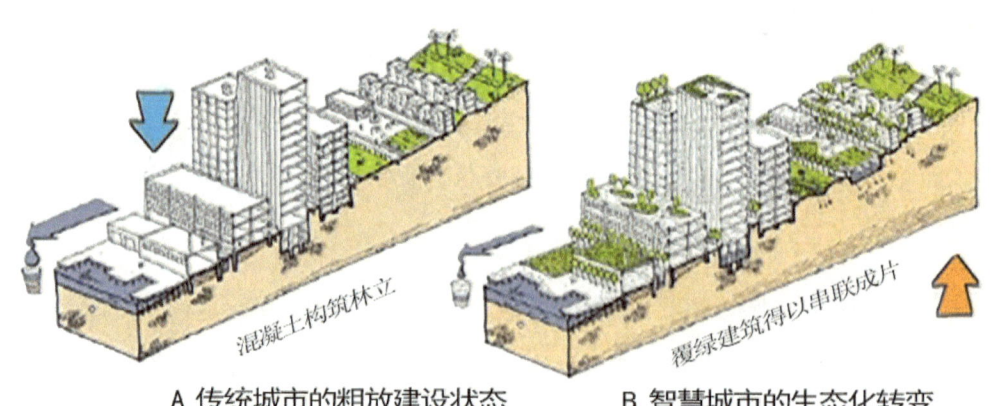

图5-1 生态城市的新型变化

2. 使用功能

使用功能是园林景观设施的首要功能。若在园林景观设计时,对使用者的基本需求缺乏了解,对使用功能考虑不足,便会出现种种不协调的情况。比如在城市休闲广场设置了景观雕塑、喷泉等元素,却缺少树木绿荫与公共座椅,如此一来,在炎炎烈日下,路人只能行色匆匆,难以驻足观赏。

园林景观设施使用功能的典型案例有:在园林景观设施里增设树阵广场的绿荫(图5-2),能为人们提供充足的户外活动场地,满足人们自由活动、交流沟通的需求,还能提供各类安全、便利的服务。在住区增设健身乐跑设施(图5-3),对提升居民健康素养大有裨益。

图5-2 绿茵树阵广场

图5-3 社区健身乐跑

3. 美化功能

园林景观的美化功能承载着人们在休闲娱乐、社交文化等多方面的诉求，并给人们带来无限美的享受。从整体布局来看，景观规划设计不仅要有功能分区的布局安排，更要注重各部位的细节美化，使人们无论何时何地都能欣赏到美丽的景观。例如，古典园林中的"置石""理水"，以及蜿蜒曲折的园路设计，全方位塑造出丰富多样的景观空间。在现代景观设计中，通过利用地形变化，进行植物花草的层次配置，并借助植物的季相变化，展现出无限生机。同时，在现代景观项目里，还可借助园灯的装饰作用，将其原有的照明功能进行拓展，以满足人们的心理需求和审美需求。例如，为丰富景观游园的观赏性和游客身临其境的体验感，通过增加空气湿度，利用现代喷雾设计和灯光技术等复合功能，创造性地设计出"光影林间"（图5-5）和"森林迷雾"（图5-4）等景观。

图5-4 光影林间

图5-5 迷雾森林

4. 综合功能

园林景观是一个满足社会功能需求、符合自然规律、遵循生态原则，且属于艺术范畴的综合整体。园林景观中各类设施的功能并不单一，而是集多种功能于一体。在延续历史的同时，现代景观设计不仅能展现时代风貌，还能依托现代信息技术手段，充分调动游园者的心理感受和大众行为反应。

景观设计的综合功能，可概括为"五维景观"的综合设计（图5-6）。其内容涵盖生态、健康、交融、精筑、人文五个方面的深度考量，最终实现听觉、味觉、嗅觉、触觉、视觉等感觉的整体应用。

图5-6　五维景观的图示概念

（二）美学原则

1. 多样与统一

多样与统一是一切艺术领域最为本质的原则，园林景观设计也不例外。园林景观设计的多样与统一主要体现在以下几个方面：

其一，因地制宜，合理布局。依据绿地的性质、功能需求以及景观要求，将各种内容和景物因地制宜地进行合理布局，这是实现园林景观设计多样与统一的前提条件。

其二，协调好主从关系。在园林景观设计过程中，应当明确各个部分之间的主从关系，通过次要部分对主要部分的从属与衬托，达成统一的目的。

2. 调和与对比

调和与对比是指借助园林景观间某种因素（例如大小、色彩等）的差异，以获取不同艺术效果的表现形式。调和意味着统一，主要指在园林景观设计中，构景要素的风格和色调保持一致。对比则是将具有显著差异的构景要素组合在一起的表现形式。合理运用对比手法，能够使构景要素达到相得益彰的艺术效果，诸如虚实对比、动静对比等。例如，八音涧位于寄畅园西北角的假山之中，上方茂林遮天，下方清泉潺潺流淌，周围怪石嶙峋。人行走其间，不时感受到清风徐徐吹来，如同置身深山峡谷，而泉水流淌发出的悦耳清音，更衬托出环境的宁静清幽。

3. 节奏与韵律

节奏和韵律是指同一图案依照一定的变化规律重复出现所呈现出的一种形式美感。这种形式美感在园林景观设计中应用极为广泛（表5-3）。园林设计中体现节奏与韵律的常用造景技法，包括地形地貌、林冠线、园路等的高低起伏和曲折变化，此外，静水中的涟漪、飞瀑的轰鸣、溪流的潺潺声等，也都能展现出节律的美感。这是通过林带的疏密、宽窄及连续变化营造出节奏感，由高低错落、色彩丰富的乔灌木组合体现出韵律感，仿佛一曲凝固的交响乐。城市景观大道的绿化带，其构成要素的规律变化，充分展现了节律的美感。

表5-3 现代景观设计常用的韵律

名称	主题设计	作用
起伏韵律		一种或数种因素在形象上与规律的起伏、曲折变化。
简单韵律		同种因素等距反复出现。
交替韵律		两种以上因素等距反复出现。

续表

名称	主题设计	作用
拟态韵律	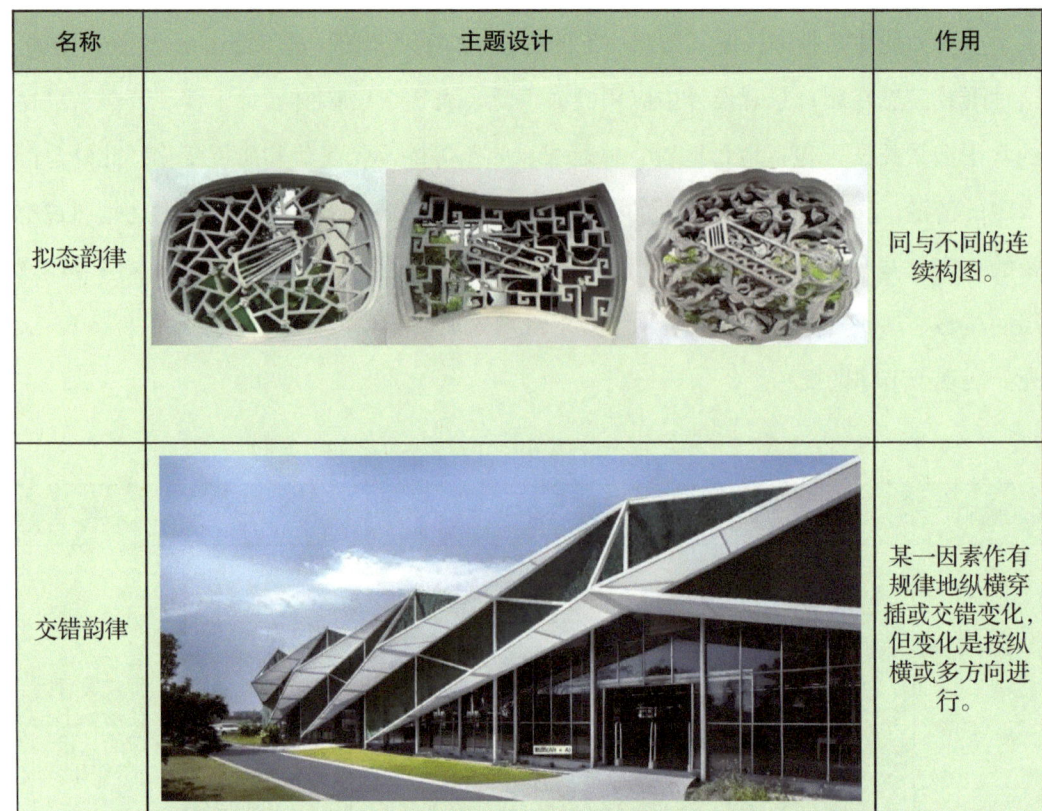	同与不同的连续构图。
交错韵律		某一因素作有规律地纵横穿插或交错变化,但变化是按纵横或多方向进行。

4. 比例与尺度

(1) 景观尺度

在园林景观设计中,人具有真实的尺度感,且这种尺度感常受参考标尺大小的影响。因此,了解景观设计尺度及其阶段性作用,是掌握景观设计方法的重要前提。

为更好地把握景观尺度的空间感受,明确设计尺度的适用范围,需要选取"标尺"来衡量物体大小。大空间的设计尺度侧重于宏观概念,小空间的设计尺度则着重于微观细部的舒适度(图5-7)。例如,从大空间到小空间进行深化设计时,可依据场所功能的使用要求,选用较为合适的场所尺度。研究场地设计的尺度选用,还需运用大众行为活动的尺度类比,来确定主题和功能等方面舒适性的尺度,如单人汀步路和双人并肩同行的园路宽度等。

图5-7 景观设计尺度与阶段性作用

在微观细部尺度设计时，常以人的身高及其活动所需空间作为量度标准。例如栏杆、窗台、圆桌及圆凳等的设计，这也是《人体工程学》在生活环境中最直接的体现。由于场所尺度的空间表现常受比例精细度的制约，因此在绘制有限空间的图纸尺度时，可选用相应精度的绘图比例。

（2）认知比例

比例是指物体本身长、宽、高之间的大小关系，以及整体与局部、局部与局部间的大小关系。尺度是指物体的整体或局部与人，或人所习见的某种特定标准之间的大小关系。

在园林景观设计中，构景要素本身各部分之间、各构景要素之间、局部与整体之间都应具有恰当的比例关系。这种比例关系应符合人们的审美习惯，从而给人以美感。英国美学家夏夫兹博里说，凡是美的都是和谐的和比例合度的。

优秀的园林景观设计除了要把握好景物本身与景物之间的比例关系外，还需要根据景物所处的环境选择合适的尺度。例如，皇家园林常采用大尺度、大比例的空间设计，因此其建筑形体通过粗壮的柱子、厚重的屋顶、敦实的墙体来展现威严的特征。

在私家园林中，常运用以小见大的设计手法。如苏州的残粒园，其布局精巧、紧凑，园中的山石、水池、小亭等景物不仅比例得当，而且尺度适宜，让人赏心悦目。这种恰当的比例关系与适宜的尺度相结合，正是园林景观设计成功的关键所在。

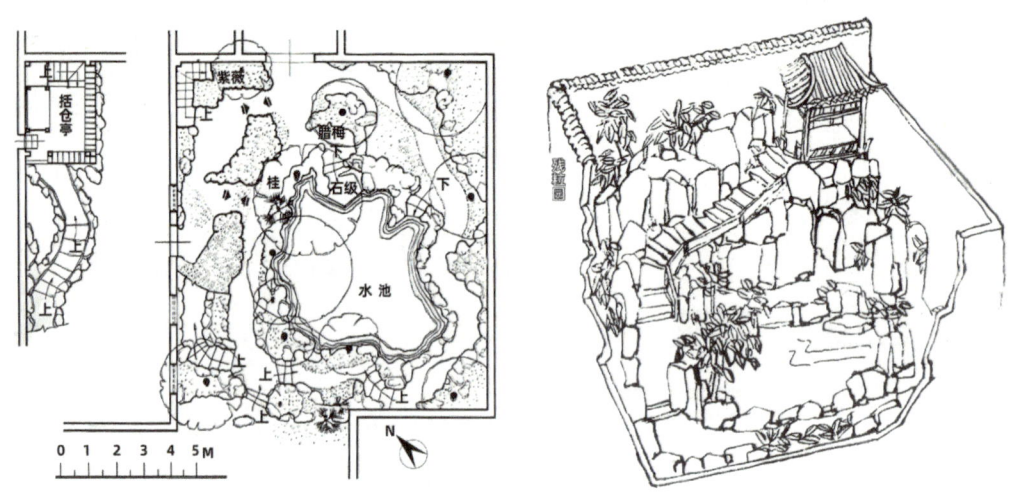

图5-8　残粒园栝苍亭

栝苍亭位于残粒园北面的假山之上，背靠住宅山墙，并辟门与楼厅相通，亭内设有壁龛、书橱。半亭设计小巧精致，与残粒园的小尺度空间相适配（图5-8）。

5.均衡与稳定

均衡指的是物体各部分之间的平衡关系，比如物体左与右、前与后的轻重关系等。在自然界中，静止的物体通常都以平衡状态存在，像人拥有左右对称的体形，树的枝丫从树干向四周伸展；而不平衡的物体则会让人感觉不稳定，产生危险感。

在园林景观设计中，一般要求园林景物的体量关系，契合人们在日常生活中形成的平衡安定概念。除了少数营造动势的造景（例如悬崖、峭壁等）之外，都力求达到均衡效果。均衡可分为对称均衡和不对称均衡这两种类型。

（1）对称均衡

对称均衡的特点是存在一条明确的轴线，并且轴线两侧的景物呈对称分布，这种布局给人以严谨、条理分明的感觉。北京的故宫、法国的凡尔赛宫都是对称均衡布局的典范（图5-9、图5-10），展现出一种因对称布置而产生的非凡美感。然而，对称均衡的布局方式并非适用于所有的园林景观设计。正如英国著名艺术家荷加斯所说，整齐、一致或对称只有在它们能用来表示适宜性时，才能取悦于人。

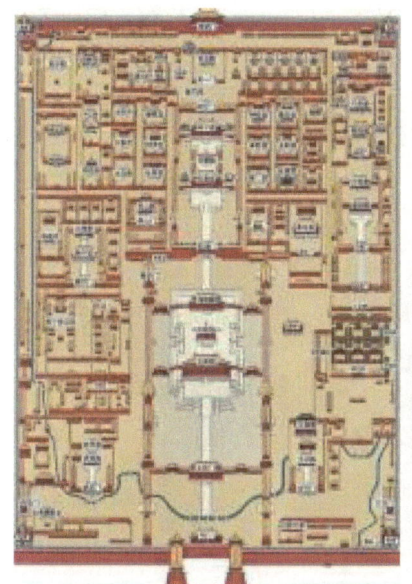

图5-9　北京故宫

图5-10　法国凡尔赛宫

故宫的宫殿沿着一条南北向中轴线排列，南北取直，左右对称，气魄宏伟，规划严整，极为壮观。这条中轴线贯穿了整个紫禁城，三大殿、后三宫、御花园均位于这条中轴线上，并向两旁延展。

法国凡尔赛宫以东西为轴，南北对称布局。其建筑景观也多呈左右对称，造型轮廊整齐、庄重雄伟。

（2）不对称均衡

不对称均衡的特点是适应性强，造型灵活多变，能让园林景观布局在平衡中充满动势，给人一种生动活泼的美感。不对称均衡的设计形式可使园林景观更趋近于自然效果，在我国传统园林中应用颇为广泛。

不对称均衡设计的原理与力学上的杠杆原理有相似之处。在进行园林景观布局时，先确定一个平衡中心点，然后仿照杠杆原理进行景物的布置，重量感大的物体距平衡中心较近，重量感小的物体距平衡中心较远。例如，北宋名园艮岳，其建筑多位于西部，但构园主题中的水体和假山却使整个园林的整体布局达到了一种平衡状态（图5-11）。

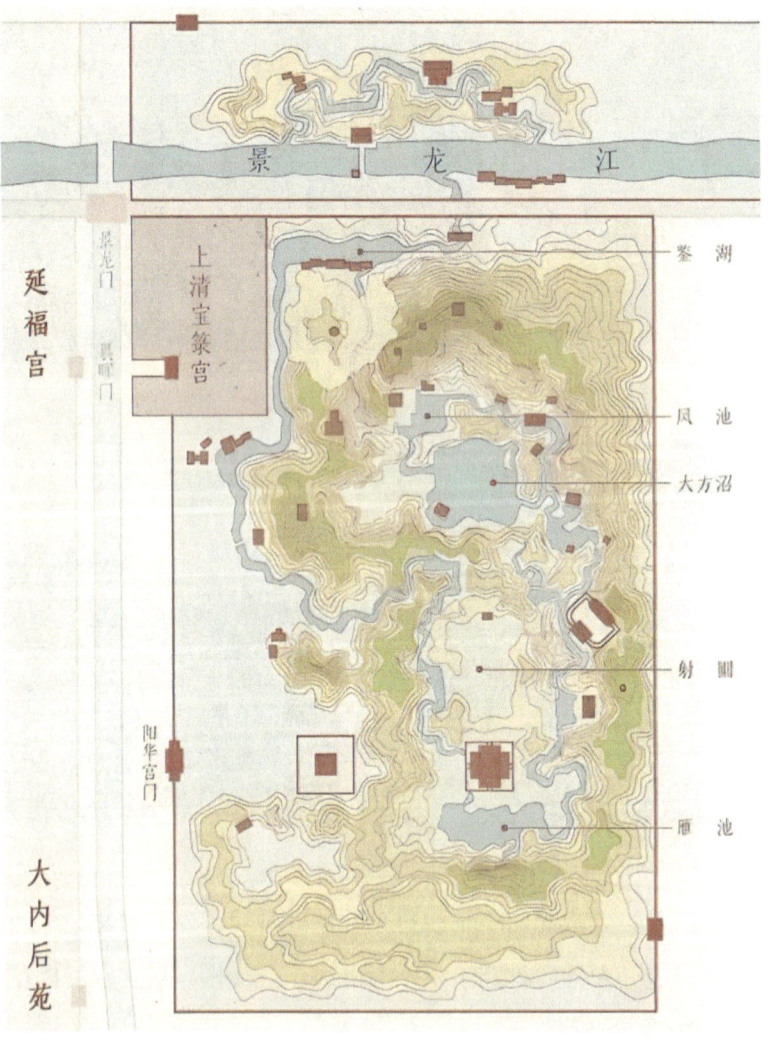

图5-11　北宋名园艮岳平面图

（3）稳定——物体上下之间的轻重关系

上小下大曾被认为是实现稳定的唯一标准，这种形态可以给人一种雄伟的感觉，比如埃及金字塔。在园林景观设计中，常常也采用底部较大、向上逐渐缩小的方式来营造稳定感，例如我国古典园林景观中的塔、楼阁（图5-12、图5-13）等。此外，还常利用材料的不同质地、颜色等所带来的不同重量感来营造稳定感，比如园林景观建筑的墙体，其下层多用粗石或深色材料，而上层则采用较为光滑或浅色的材料（图5-14）。

然而，在园林景观设计中，若都采用上小下大、稳如泰山的设计形式，难免会让人觉得千篇一律。因此，设计师们还会利用力学构成原理，选用能够体现重心力度和轻盈尺度的多元化材料，来表达主题空间中的不对称式均衡美感（图5-15）。

图5-12　西安大雁塔　　　　　图5-13　颐和园佛香阁

图5-14　园林墙体　　　　　图5-15　非对称的均衡表现

6. 比拟与联想

在形式美学中，比拟与联想密切相关，它们不仅是文学写作方法，同样也是景观设计方法之一。运用比拟与联想的设计方法，能够让人们通过景观形象联想到更为丰富的内容。常见的设计方法是在景观广场或景观节点部位，强化构筑物的主体设计，比如设置名人雕像、仿建名人故居等，如此便能让人联想到人物的生平事迹、代表作品等。

（1）模拟

模拟主要指对自然山水的模拟，在我国园林景观设计中较为常见。在园林景观设计过程中，通过筑山、理池、种植植物等手段，模拟出天然野趣的自然环境，在有限的空间里营造出无限的景色，使人产生"一峰则太华千寻，一勺则江湖万里"的联想。但这种模拟并非简单地照搬，而是经过艺术加工的局部模拟，例如参照《千里江山图（局部）》进行景观设计的艺术化创作（图5-16）。同时，现代园林景观的创新设计借助先进的材料及工艺，创造出了很多新形式，这也将成为今后项目建设中的重要表现形式。

图5-16 意境入画，以画造景的模拟方法

（2）植物的拟人化

植物造景是园林景观设计的重要表现形式，其创作方法可分为隐性文化和显性设计两大方面。依据常见园林植物与象征意义（表5-4），挖掘植物隐喻的拟人化表达是传统造园的重要技法。创作表达是指根据植物不同的特性与姿态，赋予其拟人化的品格，例如梅、松、竹被誉为"岁寒三友"，象征着不畏严寒、坚强不屈的高尚气节。这是借助植物形态给人的特有感受，依托意境氛围引发主观联想，传递诗人、画家等人的感悟情怀。

表5-4　常见园林植物与象征意义

植物	寓意
松	象征延年益寿、健康长寿。民俗祝寿词中常有"福如东海长流水，寿比南山不老松"。松被视为吉祥树，是"百木之长"，被称作"木公""大夫"。
桂	有木樨、仙友、秋香等别称。汉晋后，桂花与月亮联系在一起，称为月桂。我国的习俗中人们将桂视为祥瑞的植物。
椿	被视为长寿之木，寓意吉祥。人们常以"椿年""椿龄""椿寿"祝长寿；因此，椿常用于喻父、指母，称父为"椿庭"，而"椿萱"用来比喻父母。
梧桐	被认为吉祥、有灵性，能知岁时，能引来凤凰。
竹	"未曾出土先有节，纵凌云处也虚心"。竹被喻为有气节的君子，象征坚贞、高风亮节、虚心向上。竹又谐音"祝"，有美好祝福的意蕴。
合欢花	象征夫妻恩爱和谐，婚姻美满，故也称"合婚"树。
枣	枣谐音"早"。民俗中有枣和栗子组合的图案，谐音"早立子"。
桃	桃花喻美女娇容；桃被认为有灵气，可驱邪，如人们制作桃印、桃符桃剑、桃人等来避邪。
石榴	因"石榴百子"，所以被视为吉祥物，象征"多子多福"。
梅	梅有五瓣，象征五福：快乐、幸福、长寿、顺利、和平；男女少年称为"少年伙伴"。
牡丹	牡丹有"花王""富贵花"之称，寓意吉祥、富贵。
芙蓉	均有吉祥意蕴芙蓉谐音"富荣"，在图案中常与牡丹合组为"荣华富贵"。
月季花	因月季四季常开而被视为祥瑞，有"四季平安"的意蕴。
万年青	象征吉祥、长寿。
莲花	莲花图案也被视为佛教的标志。在中国，莲花被称为君子，象征清正廉洁。
山茶花	山茶被誉为"花中妃子"。山茶花、梅花、水仙花、迎春花被誉为"雪中四友"。

从现代环境设计角度来看,合理运用这些园林植物,不仅能够让人们在欣赏其姿态美的同时,感悟到植物所蕴含的康养理疗等功能,还能充分发挥植物造园的生态价值。这种从精神文化的虚拟概念到生态创新的物化创新形式,如同追寻植物生活的万花筒,涵盖从心理到生理的全过程,正是现代植物造景的两大功能体现。

(3)园林建筑、雕塑造型产生的联想

在园林景观设计中,设计者常常根据历史事件、人物故事、神话传说、动植物形象等来设计园林建筑、景观小品等。例如蘑菇亭(图5-17)、月洞门、名人塑像(图5-18)、创意雕塑(图5-19)和环境设施(图5-20)等。人们在欣赏园林景观时,能够通过其形象联想到相关的历史事件、人物故事、神话传说及动植物特征。

图5-17　蘑菇亭　　　　图5-18　孔子雕像　　　　图5-19　环境雕像

以美国北卡罗来纳州的雕塑"我们相遇的地方"为例,设计师先采用纤维材料编织成网状结构以减轻风荷载,再利用四周四根柱子的拉力将雕塑稳定在空中(图5-21)。这种镂空交错的横向交织造型,不仅是力学与美学的结合,更隐喻着"你中有我、我中有你"的知遇之恩。

图5-20　平原雕塑小品　　　　图5-21　Ali and Nino

(4)遗址访古产生的联想

遗址访古的联想是指人们在参观与神话传说或历史故事相关的遗址、名人故居等地时，通过联想当时的情景，获得多方面的教益。例如，杭州的岳坟（图5-22）、灵隐寺，苏州的虎丘，武昌的黄鹤楼，西安的华清池，成都的杜甫草堂（图5-23）等。

图5-22　杭州的岳坟

图5-23　杜甫草堂

（三）可行性原则

园林景观工程的选址与成功建设，受国家政策和地方国土规划条件的制约。在开展大中型项目设计时，应全方位调研并广泛征求社会群体意见，以确保项目建设的可行性与科学价值。研究生态平衡的可行性方案，应遵循以下三个原则：

①在建设过程中，首先要综合考虑基地周边的河流水系、山体林地及相关人工环境的生态关系，避免圈占优质土地和农田资源，注重生态保护。

②在项目实施中，坚持生态平衡方法。注重生态植物群落的循序渐进发展，优先使用适龄苗和容器苗，避免移植大树和古树。针对异域特色植物引种，遵循先驯化后引种的原则，并坚持开展土壤与疫病检测，防止破坏性建设。

③在节能、环保、低碳、汇碳等技术应用中，积极创新碳平衡方法。例如利用植物的吸附排氧作用，全面提升绿色建筑的生态技术水平；还可通过垂直绿化、屋顶绿化、临边公园湿地等多样化植物群落培育，实现单位空间内生态环境的自我协调与平衡。如浙江温岭农民陶正荣为应对夏季屋顶高温，采用种植屋顶水稻的方法，成为环境倒逼下的创新实践。

④景观设计还应发掘地方优秀文化，因地制宜地进行再生性创新。例如通过研究三门峡"地坑院"的自然环境与构建原理，设计师在北京城郊创新设计了适应环境变化的覆土式地堡建筑（图5-24）。这一成功案例启示我们，顺应自然潜力、实施低影响生态开发，是低碳景观的基本法则。

A 三门峡市地坑院是冬暖夏凉的传统民居　　B 北京蓝色梦工程厂的地堡式覆土建筑

图5-24　从地坑院到蓝色梦工厂

（四）经济原则

营造健康平衡的景观生活环境，其环境质量的保持依赖于建成后的维护管理，而这在很大程度上受经济条件的制约。我们倡导低碳经济理念，将适用性、美观性与经济性相结合，这正是贯彻因地制宜、就地取材原则的体现。

同时，为便于维护管理，户外环境设施的耐久性材料选用应考虑抗风化和抗损坏性能。因此，在工艺选材时，应遵循使用年限内的设施配置和景观选材原则，优先考虑便于日常维修和后期更换的材料。

此外，景观设计的经济原则还要求在利用自然馈赠时，主动将绿树、阳光、水、空气以及空间和时间等要素纳入"低碳设计"的综合考量。总之，人们在享受生活美景时应用生态低碳技术，并考量自然承载力，这才是实现可持续生活的理想选择。

第四节　现代造景技法

所谓造景技法是在满足工程技术要求和遵循园林景观设计原则的前提下，巧妙地利用原有的各种自然景观和人文景观，运用各种造景手法，合理组织各种造园要素，使之成为若干具有审美价值的景观和空间环境的一种创作行为。常用的造景手法有以下几种。

一、主景与配景

园林中通常需要区分主景与配景。主景是全园的核心，往往体现园林的功能与主题,是全园视线集中的焦点。配景是园林中除主景之外的景物,主要对主景起衬托作用,是主景的补充和延伸。在园林景观设计中,常采用突出主景的方式来体现园林主题,常用手法如下。

1. 主景升高

通过提升主景高度,相对降低视点位置,使主景以简洁明朗的蓝天远山为背景,其造型与轮廓更显鲜明突出。例如武汉黄鹤楼(图5-25)。这种造景技法在许多景区的主题设计中被广泛应用,如延安宝塔山(图5-26)和湖南花明楼(图5-27)等。

图5-25　武汉黄鹤楼　　　图5-26　延安宝塔山　　　图5-27　湖南花明楼

2. 轴线焦点

通过确定某一方向的轴线,将主景布置于轴线端点,并在主景前方两侧配置若干次要景物,以强调主景的核心地位。此外,主景也可布置于园林纵横轴线的交点或放射轴线的焦点上。

3. 动势向心

在四面环抱的空间(如水面、广场、庭院等)中,空间本身具有向心性,四周景观趋向于一个视线焦点,主景宜布置在此焦点位置。

4. 空间构图中心

主景宜布置在构图的中心处。规则式园林中,主景常位于几何中心;自然式园林中,主景则多位于自然中心处。

二、实景与虚景

实景是指园林中的建筑、山石、水体、植物、园路等景观,是园林空间中的实际存在。虚景则是实景之外无形的景观要素,如承德避暑山庄烟雨楼的光、影、声、香、云雾等。在园林景观中,实景与虚景互为依存。若网师园入口(图5-28)缺少实景。

则其幽静禅韵的虚景便失去物质基础；若耦园（图5-29）缺乏透光的窗口虚景，则其实景也会显得呆滞。因此，园林景观设计应遵循"实者虚之，虚者实之"的规律，因地制宜地营造虚实相生的视觉体验。

图5-28　幽静的网师园入口

图5-29　耦园的光影

三、框景与漏景

1. 框景

框景是一种造景手法，通过门框、窗框、树框、山洞等框架，有选择地摄取另一空间的优美景色，使其宛如嵌入画框的立体风景画。框景能有效约束并引导游人视线，使注意力高度聚焦于景框内，从而产生强烈的艺术感染力。例如，扬州瘦西湖钓鱼台四面临水，三面设圆形月洞门，分别框入五亭桥、白塔和桂花厅的画面，形成的框景效果令人惊叹。

2. 漏景

漏景由框景发展而来，是通过漏窗（图5-30）、屏风、疏林等透漏空隙，使景物呈现若隐若现效果的造景手法。框景的特点是清晰明确，漏景则更显含蓄雅致。在园林设计中，常利用景窗花格、竹木间隙、山石环洞等营造虚实相生的景观，既能增加景深层次，又能引人入胜（图5-31）。

图5-30　留园漏窗

图5-31　现代镂空漏景设计

四、隔景与障景

（一）隔景

隔景是借助造园要素将园林划分为不同空间或景区的造景手法。通过隔景，既能避免各景区间的相互干扰，增加景观层次感，又能阻隔游人视线，防止景观一览无余导致游人游览兴趣降低。隔景通常分为实隔、虚隔和虚实并用三种处理方式。

图5-32　照壁屏障物（实隔）　　　　图5-33　以屏风景墙结合植物作为屏障物（虚隔）

1. 实隔

实隔是完全阻隔视线穿透的隔景方式，使游人无法从一个空间直接看到另一空间。在园林设计中，常通过建筑、石墙、山石、密林等要素分隔空间，形成分隔效果（图5-32）。

2. 虚隔

虚隔是允许视线部分穿透的隔景方式（图5-33）。设计者常利用漏窗、空廊、花架、稀疏林木等要素分隔空间，使游人能瞥见相邻空间的局部景色，从而激发探索兴趣。

3. 虚实并用

虚实并用是指视线时断时续穿透的隔景方式。这种手法通过交替使用实隔与虚隔要素，丰富景观层次，在古典园林和现代景观设计中均被广泛应用。

（二）障景

障景是园林中用于遮挡游人视线，促使其视线转移方向的屏障物。其本身可自成一景，多设于入口处或转折处。在园林景观设计中，通常使用建筑、山石、树丛、照壁等作为障景（图5-34、图5-35）。

图5-34 以山石结合植物作为屏障物　　图5-35 以屏风景墙结合植物作为屏障物

五、夹景与对景

夹景是指利用建筑、山石、围墙、树木等形成左右遮挡的狭长空间,以突出空间端部景物的造景手法。夹景既能增强园景的深远感,还能引导游人视线。例如,颐和园苏州桥结合植物形成夹景与对景(图5-36),两岸林带掩映建筑,形成古香古色的明媚景观。

对景则包含景物相对之意。在园林中,游人可登上亭、台、楼、阁观赏山、水、桥、树木,也可在桥、廊等处回望亭、台、楼、阁,这种两处景点相对而设的手法称为对景。苏州留园的明瑟楼与可亭互为对景,明瑟楼是观赏可亭的绝佳位置,而可亭同样是观赏明瑟楼的最佳地点。

学习古典园林技法可参考彭一刚《中国古典园林分析》,该书对江南私家园林的平面、立面、景观视线、造景要素及游园路线均有详细的可视化分析。夹景与对景的设计方法常借助竹林、水体、景墙、小品等元素,在现代社区和公园中得到广泛应用(图5-37)。

图5-36 颐和园的苏州桥

图5-37 某现代社区的夹景与对景设计

六、抑景与扬景

中国传统造园历来有欲扬先抑的手法,把最好的景色藏在后方。欲扬先抑主要是在园林中运用障景、隔景等方法,引导游人抵达开阔的园林空间,让游人产生"山重水复疑无路,柳暗花明又一村"的感受,增添园林的艺术魅力。

留园位于苏州市姑苏区留园路338号,园内建筑布局精巧、奇石众多,闻名遐迩,与苏州拙政园、北京颐和园、承德避暑山庄并称为中国四大名园。苏州留园入口处凭借虚实变幻、收放自如、明暗交替的手法,营造出曲折巧妙的空间序列,吸引游人步步深入,历来备受园林界人士称赞。

图5-38 留园的曲廊与漏窗

其入口处先是一段幽蔽的曲廊,步入"古木交柯"后,光线渐趋明朗,且与"华步小筑"空间相互渗透。曲廊北面设有六扇图案各异的漏窗，使曲廊与园中山池似隔非隔，园内景色得以窥其一角。转出"绿荫馆"，眼前豁然开朗，山池亭榭尽收眼底，通过对比达到极佳的艺术效果（图5-38）。

七、点景

创作设计园林的题名、题咏，这一行为称为点景。我国古代造园家善于把握景物特点，结合周边环境，创作出意境深远、诗意盎然的题咏，其形式涵盖匾额、对联、石碑、石刻等。

题名、题咏对景观能起到画龙点睛之效，增添诗情画意，引发人们的艺术联想，丰富景观的欣赏内涵。以"苏堤春晓"（图5-39、图5-40）为例，人们由此可想象出明媚春光里，含苞待放的桃花、嫩绿的柳丝以及波光泛影的西湖之景。同时，题名、题咏还具备宣传、装饰与导游的功能。

图5-39 苏堤春晓点题碑

图5-40 杭州苏堤春晓

八、借景

我国明代著名造园家计成在《园冶》中强调："园林巧于因借，精在体宜。"借景是指通过对视点和视线的巧妙组织，将园林空间之外的景物纳入观赏范围的造景手法。借景能够拓展园林空间，丰富园林景观。借景的方式主要分为以下几种。

（一）应时而借

应时而借是指利用时间的周期性变化，借取一日或四季之中的美景。例如，春借红桃绿柳，夏借荷塘莲香，秋借枫叶菊盛，冬借傲霜飞雪（图5-41）。

图5-41 春夏秋冬的应时借景

(二)近借与远借

近借是指借取邻近空间的景物。例如，苏州拙政园西部原为补园，与拙政园中部分属两座园林。主人在补园的假山上建造宜两亭，借拙政园中部之景，一亭尽收两家春色。远借是指借取远处的景物。例如，苏州拙政园远借北寺塔（图5-42），北京颐和园远借玉泉山之塔及西山之景（图5-43）。

图5-42 苏州拙政园远借北寺塔　　图5-43 北京颐和园远借玉泉山之塔及西山之景

九、其他

现代景观设计不同于室内装饰工程，在前期现状调查时，需要着重考虑邻里关系和基地临界面，这也是生态文明建设的重要要求。凯文·林奇在《美国大城市的生与死》中强调，"道路、街区、边界"等都是重要的考量因素。因此，现代园林景观项目的规划设计，更注重邻里关系和边界面的生态处理。

为解决这些城乡共生发展的界面问题（表5-5），常用的方法包括城市绿道设计、住区绿色围墙建设、生态水体治理等全方位的优化方案，尤其是大中型景观项目，更需要重视这两方面的问题。同时，当代景观设计注重研究场地空间与基地的临边关系，特别是大型公共项目，应优先考虑空间的协调性，而非流派风格，这属于策略性范畴。

表5–5 城乡共生发展的边界问题

法则	问题	传统做法	生态界面的具体做法	生态边界的宏观规划与景观形式
天象安定	平顶坡顶生态转变	热	清凉	农业生产作区（生态缓冲带）— 人工湿地 — 野生动物廊道 — 树篱
地利安定	日照地形利用	背阴坡	向阳坡	户外活动区（防火通道）— 野生动物廊道 — 人行通道 — 公共花园
视觉安定	阻隔方法	拥挤	树篱	果园
听觉安定		噪声	树篱	农业生产作区（生态缓冲带）— 集散区
季相安定	植物季相利用	夏／冬 常绿树	夏／冬暖 落叶树	
心理安定	功能顺应	正面停靠	侧面停靠	城市接环 — 公共中心

城乡共生形态下的绿色边界

倘若人们仅将项目的表面价值用于营造体验，而不将其作为历史或文字参考，就会导致选择手段杂乱无章。所以，"因地制宜，实事求是"是根本性原则。例如，从林立的柱子到厚重的墙壁，作为人居环境的空间体验，既有密集的封闭空间，也有明亮的开放空间。研究景观空间的生命力，还应分析人文协调性。在这里，建筑物的重量感、地平上的可见度，以及角落植物所营造的背景安全感等，都会成为相互作用的整体要素。

例如，在一些传统村庄或相邻土地上，虽然项目和相关解释相互独立，但地质、光线、历史、场所等系统存在杂糅关系，导致难以梳理。因此，只有通过长期的空间协调，才能呈现出场地应有的价值。尽管项目创作在一定程度上是一个依赖直觉的过程，但除了言语表达，还应考虑最终的接受程度，这是设计方案成功的关键。

所以，在项目交流中挖掘隐含的景观主题，需要探索空间创意的方法和手段。总之，无论是空间秩序还是材料使用，景观设计都必须先制定整体性方案，再明确详细的实施步骤，这是景观创作的重要原则。

【实训环节】

1. 训练任务：探讨园林景观设计中的美学原则及造景手法

2. 训练目的：通过本次训练，参与者能够掌握园林景观设计中的美学原则及造景手法，能够结合具体园林景观设计案例，分析其造景手法，提升审美能力与分析能力。

3. 训练步骤：

（1）分组：每3人一组，确定1名组长。

（2）搜集资料：各组长组织本组成员讨论，确定搜集哪项园林景观设计的相关资料，随后分别从网络、图书馆等途径进行资料搜集。

（3）讨论分析：各组长组织本组成员将搜集到的资料汇总、整理，针对该园林景观设计中体现出的美学原则及运用的造景手法展开讨论分析，并做好相关记录。

（4）展示讲解：整理相关讨论结果，制作成精美的PPT，在课堂上进行展示讲解。

【问题练习】

1. 简述景观设计理念的内涵。

2. 简述现代景观设计中的思潮流派。

3. 在园林景观设计中，应遵循哪些原则？这些原则之间存在怎样的关系？

4. 园林景观设计的造景手法主要有哪几种？

附录 景观设计案例

纺织谷景观设计案例

青岛海琴社区改造项目

庭院景观创作方法

万科水晶街滨水景观设计

实训作品1

实训作品2